LES

# TRAVAUX PUBLICS

## EN 1865

CH. GUERMONPREZ, Imprimeur-Editeur, Saint-Omer.
— 1865 —

# LES

# TRAVAUX

## PUBLICS

## EN 1865

Imprimerie et Lithographie Ch. GUERMONPREZ, éditeur
de l'*Independant*, rue des Tribunaux, 4,

**SAINT-OMER.**

1865

Dans son remarquable discours, prononcé à l'ouverture des chambres, cette année, Napoléon III s'exprimait ainsi :

« Livrons-nous sans inquiétude aux travaux
» de la paix... L'achèvement rapide de nos chemins
» de fer, de nos canaux, de nos routes, est le
» complément obligé des améliorations commen-
» cées. »

Et l'adresse du corps législatif répondait à ces intelligentes paroles en ces termes :

« L'achèvement des travaux ayant pour objet les voies ferrées, les ports, les rivières, les canaux, les routes, les chemins, l'irrigation, doit être énergiquement poursuivi avec la pensée de le réaliser en peu d'années, mais sans compromettre la bonne économie de nos finances ... Frappées des

résultats féconds de ces grandes entreprises, les
populations en désirent la continuation et l'extension, même au prix de sacrifices nouveaux, dont,
sur plusieurs points, elles ont déjà données
l'exemple. »

C'est ainsi que les hommes les plus intelligents
de la France proclamaient les vœux et les besoins
du pays. Il nous semble que ces vœux et ces
besoins ne pouvaient se produire dans des occasions
plus favorables. Une ère nouvelle s'ouvre devant
nous. La paix devient une des nécessités de la
situation; les traités de commerce qui se multiplient
entre les peuples rendent les transactions de plus
en plus internationales. Notre industrie est appelée
à un avenir inconnu jusqu'à ce jour. La concurrence s'établit partout et appelle chacun à prouver
son intelligence, son savoir faire, son activité, son
énergie, sa puissance.

Le gouvernement a compris cette situation, et
un grand nombre de projets de loi présentés cette
année au corps législatif démontrent assez qu'il
est disposé à réaliser les paroles impériales et les
vœux de la Chambre. Nous pourrions en citer
mille preuves; nous nous contenterons des suivantes
que nous trouvons dans l'exposé des motifs du
projet de loi relatif aux travaux extraordinaires,
délibéré et adopté en Conseil d'Etat le 4 mai
dernier. Parlant de l'épreuve que nous traversons
depuis la signature du traité de commerce avec

l'Angleterre, l'auteur de cet exposé déclare que si cette épreuve a réussi il faut ajouter cependant qu'elle n'est pas terminée. Des traités nouveaux, ou l'échéance nouvelle fixée par les anciens traités, imposent des efforts persévérants à l'industrie française. C'est donc dans cette voie qu'il faut l'encourager et la soutenir. C'est là le devoir impérieux du Gouvernement.

Or, la première condition de succès pour atteindre ce résultat, c'est d'assurer la facilité et le bon marché des transports. L'esprit se rend difficilement compte des résultats immenses que peuvent atteindre dans cette voie les améliorations qui semblent les plus minimes.

L'exposé de la situation de l'Empire contient, à cet égard, un calcul qu'il est nécessaire de remettre sous les yeux du lecteur, et qu'il est important, pour l'examen de ces questions, de ne jamais perdre de vue. « Si l'on considére, dit-il, que la circulation totale sur les routes impériales ne représente pas moins de 3 milliards 200 millions de colliers, ou d'environ 1 milliard 800 milles de tonnes utiles transportées à 1 kilomètre, on reconnaîtra que la réduction d'un seul centime par tonne et par kilomètre, obtenue par suite du bon état de la viabilité, correspond, pour l'agriculture et le commerce, à une économie nouvelle de 18 millions. »

En présence d'un tel résultat, comment le gouvernement hésiterait-t-il, à multiplier ses efforts sur toutes ces voies et à abaisser au taux le plus bas le prix des transports ?

Le Conseil d'Etat a fait un travail d'ensemble sur les voies et moyens propres à amener des résultats si productifs. Son attention a été surtout attirée par les améliorations à apporter aux voies ferrées, aux routes et aux ponts, aux rivières, aux canaux, aux ports maritimes et au service hydraulique.

Nous nous contenterons de résumer ici les vues du gouvernement telles qu'elles sont exprimées dans l'exposé des motifs que nous analysons. Voici un aperçu général des résultats que doivent produire les travaux projetés.

1° *Routes et ponts.* — Les crédits demandés, montant à 95 millions, s'appliqueront, pour une somme de 39,300,000 francs à l'ensemble des lacunes et à la plus grande partie des rectifications des routes impériales, à la construction des routes impériales et forestières de la Corse et aux grands ponts; et pour 26,600,000 francs au solde de la subvention due à la ville de Paris, en vertu de la loi du 28 mai 1858. Le restant de ce crédit, soit 29,100,000 francs permettra d'entreprendre et d'achever rapidement les travaux d'amélioration de nos routes, dont la nécessité a été constatée par les études de l'administration, mais qui ne sont pas décrétés.

2° *Rivières*. — On pourra d'abord livrer successivement à la navigation tous les ouvrages déjà décrétés et pour lesquels les dépenses, restant à faire au 1er janvier 1866, s'élèvent à 23,200,000 fr. Ces ouvrages ont pour objet l'amélioration de la Seine, de la Marne, de l'Yonne des passages les plus dangereux du Rhône, du canal Saint-Louis à l'embouchure de ce fleuve, de la Garonne, de la Mayenne, de la Sarthe et de quelques cours d'eau moins importants.

On exécutera ensuite un ensemble de travaux qui sont en voie d'instruction et dont la dépense est évaluée à 39,800,000 francs. Ces travaux auront pour résultat : de donner à la Seine, entre Paris et Rouen, un tirant d'eau de 2 mètres, de consolider les digues et de régulariser les rives de ce fleuve entre Rouen et Berville de compléter l'amélioration du Rhône entre Lyon et Arles, d'une part, et entre Arles et le canal Saint-Louis de l'autre ; d'assurer à la Saône dans la section qui fait partie de la grande ligne navigable de Paris à Lyon, un mouillage constant de 1 mèt. 60 centimètres; on achèvera, en même temps, les travaux complémentaires pour l'amélioration des passes de la basse Garonne, en aval de Bordeaux, et de la Loire maritime en aval de Nantes, on mènera à fin les travaux de canalisation ou d'endiguement du Lot, du Var, de la Vire, de l'Arve et de plusieurs rivières secondaires.

3° *Canaux* — Au moyen de la somme de 32 millions, alloués aux canaux, dont 13,100,000 fr. s'appliquent aux travaux déjà décrétés et 18,900,000 fr. aux travaux qui ne sont pas encore déclarés d'utilité publique, mais dont l'urgence est reconnue, on pourra, en premier lieu, livrer à la navigation les canaux de la Rochelle à Marans et des houillières de la Sarre, et le canal de Vitry à Saint-Dizier ainsi que les travaux complémentaires du canal de l'Aisne à la Marne.

On achèvera en second lieu, les canaux de Robaix, de la Haute-Marne, entre Saint-Dizier et Donjeux, et de la haute Seine entre Troyes et Bar-sur-Seine. En même temps se poursuivront les travaux décrétés ou à décréter en vue de l'augmentation des ressources alimentaires et du perfectionnement des anciens canaux.

4° *Ports maritimes.* — Une somme de 77 millions reste à dépenser, à partir de 1866, pour achever celles des entreprises de cette nature, y compris le balisage et l'éclairage des côtes qui ont déjà fait l'objet de décrets d'utilité publique ; 58 millions sont ajoutés à cette somme pour les travaux en projet. Tous nos ports, soit de premier ordre, soit de second ordre, recevront ainsi les améliorations réclamés par notre commerce maritime, et plusieurs des petits ports de nos côtes prendront, dans ces perfectionnements, une part proportionnelle à leur importance.

*5° Service hydraulique et travaux d'amélioration agricole*. — Enfin un large concours pourra être donné à ces entreprises intéressantes qui ont le double mérite. d'exciter les efforts individuels et d'apporter avec eux des plus-values qui profitent également à la prospérité publique et à la richesse privée. L'évaluation de ces travaux qui est de 35 millions comprend 18,800,000 fr. pour travaux décrétés, et 16,200,000 pour travaux à décréter.

Ces travaux sont, comme on le voit, aussi divers qu'étendus; cependant ils n'embrassent pas tout; ils laissent en dehors un certain nombre d'améliorations qui, sans être tout-à-fait urgentes, sont nécessaires. Heureusement que la décentralisation laisse sur quelques points une latitude plus large aux administrations départementales et locales, qui pourront suppléer l'action directe du gouvernement, surtout dans nos contrées.

# LES
# CHEMINS DE FER
## VICINAUX

---

### Leur Construction et leur Exploitation.

---

## I.

Nous avons été des premiers à signaler l'heureuse initiative prise sur cette question par le département du Bas-Rhin. Le Préfet de ce département, appuyé par un Conseil Municipal éclairé et secondé par un ingénieur d'une capacité hors ligne, a fait pour ce pays ce que nous voudrions voir imiter et exécuter, avec quelques modifications dans le Pas-de-Calais. Quatorze lignes ont été classées comme chemins de fer vicinaux, et un impôt spécial de 5 centimes additionnels au principal des contributions directes a été voté pour dix ans. Cet impôt doit être appliqué exclusivement à la construction et à la mise en état d'exploitation des chemins de fer vicinaux.

Le directeur de ces importants travaux, M. l'ingénieur Coumes, dans un rapport savamment motivé expose un grand nombre de considérations qui militent en faveur des voies ferrées dans le Bas-Rhin; il indique et justifie les dépenses financières de la combinaison projetée, les conditions principales de premier établissement; il fait la part du département et celle des communes, évalue le trafic probable, les recettes en voyageurs et en marchandises etc.

Les communes ont été classées en trois catégories :

1° Celles dont le territoire est traversé ;

2° Les communes non traversées et situées dans un rayon de 5 kilomètres de la station pouvant les desservir;

3° Les communes non traversées et qui, quoique situées dans un rayon de plus de 5 kilomètres, feront usage du nouveau chemin.

Quant au mode d'appréciation des contingents communaux, en procédant par voies d'analogie avec ce qui se passe dans le classement des chemins vicinaux de grande communication, pour la détermination des communes devant y contribuer, on a mis en ligne de compte les éléments suivants :

La population ;

La longueur du chemin projeté, dont la commune se servira le plus fréquemment;

Les ressources de la commune *légalement exigibles pour la grande vicinalité;*

Le trafic probable en voyageurs et en marchandises de toute espèce sur le territoire de la commune, ce qui correspond, dans le système de la vicinalité, au nombre de colliers fréquentant le chemin ;

Enfin les sujétions locales du tracé, provenant de la configuration du sol, de l'emplacement et de l'importance de la station desservant la commune.

Les chemins de fer proposés devront être à une seule voie, sauf les voies accessoires d'évitement, de garage, etc., indispensables au service. Leur largeur sera 1 m. 50 c. d'espacement des axes des rails, 1 m. pour chacun des accotements, 0,50 c. pour chaque banquette au pied des talus du ballast, 0,75 pour la base du chaque talus du ballast; ensemble 6 mètres de largeur entre les arrêtes extérieurs des accotements pour les parties en remblai ; largeur de l'entre-voie, 1 m. 80 c.

Nous regrettons de ne pouvoir citer ce remarquable rapport en entier. Forcé de choisir et de limiter nos citations nous prendrons de préférence le passage dans lequel M. Coumes établit la distinction entre les voies principales, les grandes lignes qui sillonnent la France et les nouvelles voies ferrées. Cette distinction est capitale et nous appelons sur elle toute l'attention de ceux qui s'occupent de ces utiles créations. Elle peut faire éviter bien des confusions, bien des mécomptes.

« Tandis que les voies principales, dit M.

Coumes, se continuent à travers la France, en vue d'une destination déterminée par le point de départ et celui d'arrivée, recueillant, sans s'y subordonner, les affluants locaux, le réseau que nous avons étudié se renferme exclusivement dans le département ; il est un épanouissement à droite et à gauche des voies magistrales ; *il ne peut en suppléer, ni en doubler aucune..* Chaque chemin a un faible parcours, et tous sont tracés de *manière à rencontrer les villages, à desservir tous les groupes*, se subordonnant ainsi, comme il convient à la voirie vicinale, aux besoins et aux habitudes de la localité. Les seuls voyageurs que ces tracés provoquent sont ceux du pays, et c'est aux produits locaux qu'ils offriront leur principal service. »

C'est là un point que l'on ne devrait jamais perdre de vue. C'est une véritable voirie vicinale qu'il s'agit de créer. Il faut donc bien se pénétrer des proportions et des exigences qu'elle réclame, et se garder soigneusement de l'assimiler aux grandes lignes.

II

Nous avons indiqué dans notre précédent chapitre la situation des chemins de fer vicinaux dans le Bas-Rhin. Le mouvement donné par ce département a été suivi par plusieurs autres. Le conseil général d'Ille-et-Vilaine a voté dans sa dernière session une subvention de 450,000 fr. pour un chemin de fer de Vitré à Fougères. Ce conseil a admis en même temps une proposition des concessionnaires que nous croyons devoir signaler, parce qu'elle peut, dans bien des circonstances, lever les obstacles qui arrêtent souvent la construction des nouvelles voies ferrées. Cette proposition consistait à autoriser la compagnie concessionnaire à élever temporairement, et dans une modique proportion, les tarifs qu'elle serait autorisée à percevoir, de manière à se faire une subvention extraordinaire, dont le produit s'appliquerait à l'amortissement des dépenses de construction.

Cette surélévation temporaire des tarifs, après avoir obtenu l'adhésion du conseil général d'Ille-et-Vilaine a été soumise à une enquête d'utilité publique. Elle n'a pas soulevé d'objection de la part des intéressés, qui ont compris que c'était le seul moyen d'obtenir le chemin désiré, et que, d'ailleurs, malgré cette perception élevée au début, on obtiendra encore une économie considérable dans les transports de toute espèce. En effet, voici ce qui ressort du rapport présenté sur ce sujet par M. Dalmas :

Dans l'état actuel, le transport d'une tonne de marchandises de Fougères à Vitré coûte en moyenne 11 fr., ci. . . . . . . . . . . .  11 » »

Avec les tarifs des chemins de fer, il coûterait en moyenne. . . . . . . . . .  3 48

En augmentant des deux tiers (ainsi que cela est demandé) les tarifs actuels pour la 1re et la 2e classe, et du double pour la 3e et 4e classe, elle coûtera en moyenne. . . . . . . . . . . . . . . . . . .  5 90

Laissant ainsi sur les prix actuels un bénéfice par tonne 'de. . . . . . . . . . . . . . .  5 10

Ce serait à tort, dit à cette occasion M. Dalmas, que l'on considérerait les augmentations de tarif comme une aggravation de position pour les populations. On peut admettre, et ce que nous venons de dire le prouve, que les chemins de fer prennent 3 0/0 pour les marchandises, tandis que le roulage prend 12 0/0; or, dans ces conditions, les augmentations de tarif peuvent être réglées de manière à laisser encore une grande marge à l'économie et il est désirable de les autoriser, puisqu'il doit en résulter une diminution de charges et un véritable bénéfice pour les populations. A la faveur de ces augmentations, que nous croyons un moyen nouveau et très-important de succès, les compagnies trouveront avec facilité les capitaux qui leur sont nécessaires, et on peut les leur concéder d'autant plus facilement que leur premier besoin, après la construction, sera évidemment de limiter ou de réduire le privilége accordé pour augmenter le chiffre de leurs recettes.

Ces considérations sont fort justes ; nous accorderons également volontiers à M. Dalmas que cette surélévation n'est qu'une imitation, une application nouvelle de ce que l'on a cru devoir faire lors de l'établissement des chemins de fer. Nos premières voies ferrées ont été construites parallèlement aux routes les plus fréquentées, là où on pensait trouver un trafic important. L'Etat leur a donné de fortes subventions, et en même temps il leur avait permis la perception de tarifs du double plus élevés que ceux qui se trouvent inscrits maintenant dans les cahiers des charges. Les transports ayant pris rapidement un acroissement inespéré, on a pu abaisser successivement les premiers tarifs, sans porter préjudice aux compagnies existantes ; mais il est très-naturel d'y revenir pour constituer de petites compagnies qui se trouvent en face d'un trafic dont le chiffre sera toujours limité. En agissant ainsi, on établira une compensation à l'insuffisance des transports pour couvrir les frais d'établissement des petits chemins de fer, et on aidera puissamment toutes les localités, qui pourront recourir à ce système, à construire les voies ferrées qui leur manquent.

L'application de ce système, dont les effets seront fructueux pour le pays, nous parait, ainsi qu'à M. Dalmas en outre d'une rigoureuse équité. Les nombreuses voies ferrées que nous avons encore à établir en France ne pourront pas se construire sans le concours pécuniaire des départements et des communes ; mais comme elles deviendront autant d'instruments de la richesse générale, comme tout le monde s'en servira et y passera, il semble juste que les localités traversées ne soient pas seules à supporter la dépense de leur établissement, et que les habitants des départements voisins, qui trouveront en elles d'utiles auxiliaires de leurs intérêts, y contribuent d'une manière indirecte, en acquittant temporairement et dans une faible proportion un droit de parcours lorsqu'ils s'en serviront.

Enfin, il ne faut pas oublier que cette élévation ne doit être ici que proportionnelle aux dépenses nécessaires. Or, nous ne sommes plus à l'époque où l'on fixait le coût de la moyenne kilomètrique des voies ferrées à 370,000 fr. S'il faut en croire M. Dalmas, et nous croyons ses chiffres exacts, le coût kilomètrique du chemin de fer de Fougères à Vitré ne dépassera pas 67,000 fr. Cette évaluation est inférieure à la dépense occasionnée par l'établissement des lignes d'Alsace, car elle comprend les frais de matériel roulant et d'outillage d'ateliers, qui ne figurent que pour mémoire dans le bilan de ces dernières lignes. Est-ce à dire que cette voie ferrée sera inférieure sous le rapport de la solidité, ou bien que son exploitation devra se faire dans des conditions réduites? En aucune façon : les pentes et rampes sont en général fixées à 10 et 12, les courbes ne descendent pas au-dessous de 250 mètres de rayon, les ouvrages d'art seront construits en matériaux de choix ; mais si leur prix, ainsi que celui des terrassements, est fort réduit, c'est que, par une étude très-approfondie du terrain, on s'est appliqué à suivre toutes ses sinuosités, de manière à éviter les tranchées profondes et les remblais élevés. Le tracé est en affleurement, et on peut dire qu'il lèche le sol ; la voie est projetée en rails Vignole éclissés du poids de 30 kilogr., de 6 mètres de longueur, supportés par six traverses : ainsi constituée, elle pourrait par sa résistance, supporter un poids et une vitesse bien supérieurs à celles dont il sera fait usage. Les locomotives auront un poids en rapport avec le trafic et la vitesse qu'elles sont appelées à servir, et quant au reste du matériel roulant, il sera de la même nature que celui des grandes lignes.

Le chemin de fer de Vitré à Fougères comprenant trente et quelques kilomètres, le devis établi dans les conditions que nous venons d'indiquer s'élève au chiffre de **2,325,000** fr. M. Dalmas croit même que cette dépensec ne sera pas atteinte dans la construction, car, d'un côté toutes les dépenses ont été évaluées à leur prix fort, et de l'autre il y en a un certain nombre qui ont été prévues parce que l'on ne pouvait faire autrement, mais dont il est à espérer que l'entreprise sera dispensée. Parmi ces dernières, nous citerons seulement les clôtures, dont la dépense serait de près de 100,000 francs, soit 3,000 fr. par kilomètre, et qui, nous le savons, ne tarderont pas à ne plus être exigées pour les chemins exploités à vitesse réduite.

Dans de telles conditions l'avenir des chemins de fer vicinaux est de plus en plus assurée.

## III

Nos deux précédents chapitres indiquent d'une manière générale les principales conditions réclamées pour construire le plus économiquement possible le nouveau réseau de chemin de fer voté par le corps législatif. Nous ajouterons encore ici quelques faits, et quelques indications, d'après les rapports des hommes les plus expérimentés qui ont élucidé cette grave question. Voici d'abord ce que nous lisons dans le rapport de M. Delorme, chef de la division des chemins de fer, et rapporteur d'une commission nommée par le ministre des travaux publics :

« Les dépenses d'établissement d'un chemin de fer se divisent en deux parties : l'une fixe, ou du moins ne dépendant que du prix de certains matériaux, qui varient peu d'une localité à l'autre;

la seconde, essentiellement variable, parce qu'elle dépend, du relief plus ou moins prononcé du terrain et du trafic plus ou moins considérable.

« La dépense fixe est principalement celle de la voie courante, qui s'élève à 20,000 francs par kilomètre.

« En y ajoutant le balast, soit 1 mètre 50 cent. à raison de 2 à 5 francs le mètre cube, c'est-à-dire une somme qui peut varier de 3,000 à 7,500 fr. on trouve pour les dépenses de la première catégorie de 29,000 à 33,500 fr. par kilomètre.

« Quel que soit le tracé d'un chemin économique à une voie, quelles que soient les facilités que présente la construction, il faut donc compter, en toutes circonstances, sur cette première dépense invariable.

« La dépense variable se partage à son tour en deux parties : l'une comprenant l'acquisition des terrains, les terrassements de toute nature et les ouvrages d'art ; l'autre se rapportant à l'établissement des gares et stations, bâtiments, remises, voies de service, plaques, etc., etc.

« Sur les chemins d'Alsace, précédemment cités, la dépense variable a été, pour la première partie, au minimum de 19,500 fr., et au maximum de 43,000 fr. par kilomètre.

« M. l'ingénieur en chef Lejoindre, dans un rapport présenté au conseil général de la Moselle, session de 1864, a évalué, pour quatre chemins départementaux d'une longueur totale de 77 kilomètres, les terrains, terrassements et ouvrages d'art, des sommes qui varient de 25,000 à 45,833 francs par kilomètre.

« La seconde partie de la dépense variable comprend les travaux accessoires, les installations des gares avec leurs voies de garage et de service, les plaques et les engins divers de l'exploitation, et en constitue toujours une fraction importante. Sur les chemins d'Alsace, le minimum des dépenses de cette nature a été de 10,000 et le maximum de 15,000 francs. A moins qu'il ne s'agisse d'une ligne de faible longueur, d'un trafic extrêmement réduit, on descendra rarement au-dessous de la limite inférieure de 10,000 francs.

Aux diverses dépenses énumérées ci-dessus, il faudra encore ajouter les frais d'établissement des passages sur la voie, des clôtures et des barrières, des frais d'étude, les frais généraux et les intérêts des capitaux.

En résumé, d'après les indications qui précédent, on peut dresser le tableau suivant :

| | | |
|---|---|---|
| Coût kilométrique des terrains, terrassements et ouvrages d'art de. . . . . . . . . . . . | 20000 fr. | à 46000 fr. |
| Coût kilométrique pour les gares et stations, etc, etc . . . . . . | 10000 | à 15000 |
| Coût kilométrique de la voie proprement dite, de. . . . . . . | 29000 | à 33500 |
| Coût kilométrique pour les passages, clôtures, barrières, frais d'études, de. . . . . . . . . | 4000 | à 6000 |
| Intérêt des capitaux, somme à valoir pour imprévu, de. . . . . | 3000 | à 4500 |
| Dépense tota'e, de. . . . . | 66000 fr. | à 105000 fr. |

A quoi il faudrait ajouter de 20,000 à 25,000

francs, si l'on voulait faire l'acquisition du matériel roulant.

Examinant ensuite le trafic probable et les frais d'exploitation, le rapporteur pose les bases suivantes :

« On admet généralement que le minumum de la dépense, pour des chemins à faible trafic, est de 6,000 francs par kilomètre. Si l'on considère que les chemins d'intérêt local seront exploités à petite vitesse à l'aide d'un petit nombre de trains; que le gardiennage et l'entretien de la voie s'y feront avec économie, et simplicité; que les stations ne devront comprendre qu'un personnel très-restreint; qu'on n'y fera aucun service de nuit; qu'enfin, si l'exploitation en était confiée à l'une des grandes Compagnies, les frais généraux pourraient être considérablement diminués, il y a lieu d'espérer que le minimum de la dépense pourrait descendre à 5,000 francs par kilomètre, et quelquefois même audessous. C'est ce qu'apprennent les chemins d'Ecosse déjà cités. On y voit, pour des recettes brutes assez faibles, les frais ne s'élever qu'à 45 ou 50 p. 100, et la dépense d'exploitation descendre à 3,500 ou 4,000 francs. Quoi qu'il en soit, on peut estimer que, pour une recette brute de 8 à 10,000 francs, il est difficile de supposer une dépense inférieure à 5,000 francs. Cette donnée admise, il sera facile de calculer, dans chaque cas particulier, après une estimation de la recette probable et de la dépense de construction du chemin, quelle devait être la part contributive des départements et des communes, pour qu'il reste un intérêt suffisant aux capitaux que le concessionnaire serait appelé à apporter. Il doit être entendu que l'exploitation de ces chemins sera dirigée avec le même esprit de stricte économie qui aura présidé à la construction, et, à cet effet, une grande liberté devra être laissée à l'exploitant, aussi bien dans l'organisation de son service que pour les réglements et les diverses mesures qu'il croira devoir adopter. »

Il résulte de ces indications que les lignes construites dans ces conditions coûteraient plus de 100,000 fr. y compris le matériel roulant. Une telle somme suppose une recette brute de 10,000 fr. par kilométre pour couvrir les frais d'établissement, payer l'intérêt des fonds employés, l'entretien des voies, les frais d'exploitations etc.

En Alsace les frais d'exploitation sont de 6,000 fr. par kilomètre. Le lecteur comprend que ce chiffre est un peu élevé, et bien des localités ne fourniront pas un trafic assez considérable pour rémunérer suffisamment la Compagnie concessionnaire. Mais, Dieu merci, ce n'est là qu'une opinion personnelle à un homme et particulière à certaines localités. M. Thérion, directeur du réseau central d'Orléans qui a fait d'accord avec M. l'ingénieur Bertera, un remarquable travail sur les chemins de fer économiques, a cité des lignes en exploitation ou à construire dans des conditions trés-différentes. D'aprés M. Thérion ces chemins ne coûtent, matériel roulant compris, que 50,000 fr. par kilomètre, et leur trafic kilométrique, qui s'élève à 7,000 fr, couvre largement tous les frais.

Il nous semble que nous toucherions à la moyenne des dépenses si nous prenions les chiffres de 65 à 80,000 fr. par kilomètre de construction dans nos contrées, où du reste, plusieurs de ces chemins, d'un caractère purement industriel, sont déjà établis depuis quelque temps pour un trafic limité. En voici le tableau :

| Désignation des chemins | Longueur kil. | DÉPENSE KILOMÉTRIQUE sans matériel roulant voie de fer | | | |
|---|---|---|---|---|---|
| | | Terrains. | Travaux | Access. garages. | TOTAL |
| Houillères : | | | | | |
| de Nœux. ...... | 4000 | 11400 | 11000 | 31800 | 54200 |
| de Marles....... | 70.0 | 17700 | 18000 | 36500 | 72200 |
| de Brunay..... | 6900 | 17900 | 28300 | 37800 | 85000 |
| d'Auchy . .... | 6500 | 20500 | 19200 | 33600 | 83300 |
| de Ferfay ..... | 5600 | 15800 | 17200 | 37500 | 70500 |

Si de la France nous portons nos regards sur ce qui se passe dans les pays étrangers, nous y trouverons des exemples et des faits qui prouvent que l'on peut construire les nouveaux chemins dans des conditions plus économiques qu'on ne le suppose généralement. L'Ecosse notamment nous en fournit une preuve.

Dans ce pays, la plus grande partie de ces lignes ont été construites et sont exploitées par des Campagnies locales. MM. Lan et Bergèron ont été chargés par l'Administration de les étudier sur les lieux mêmes, et ont résumé leurs observations dans des rapports forts intéressants, que **M.** Léopold Le Hon résume ainsi :

Selon M. Lan, les caractères saillants de ces chemins économiques, à petits parcours sont :

L'organisation essentiellement locale des Compagnies, qui permet un amoindrissement notable des frais d'exploitatian et de construction ; l'absence de toute préocupation de la part des ingènieurs quant à la beauté des ouvrages ; la liberté laissée aux Compagnies au sujet de l'établissement des bâtiments de toute nature, l'indépendance, à peu près complète, accordée à l'exploitation en matière de trafic.

Pour M. Bergeron, il résulte que les conditions économiques tiennent :

POUR LA CONSTRUCTION :

« 1° A ce que l'entreprise est uniquement aux mains de petites Compagnies particulières locales, circonstance qui, en outre, permet de réaliser plus facilement le capital nécessaire à l'entreprise, puisque c'est aux intéressés qu'on s'adresse directement ;

« 2° A ce qu'une Compagnie de cette nature peut construire à meilleur marchè : d'abord, parce que les terrains appartenant aux actionnaires du chemin futur sont cédés par eux à un prix raisonnable ; ensuite, parce qu'une direction locale permet, même après les études primitives et la rédaction des projets supposés définitifs, toute modification qui peut procurer quelque économie;

« 3° A ce qu'une compagnie indépendante n'est point astreinte à un type uniforme de construction, comme le serait une grande Compagnie dont les lignes doivent à peu près forcément reproduire des conditions techniques, originaires, sous peine de grever l'exploitation du reste du réseau. »

POUR L'EXPLOITATION :

« 1° Au petit nombre du personnel, notamment dans les stations où le plus souvent il n'existe qu'un seul agent, chargé de fonctions multiples, et qui fréquemment exerce encore une profession en dehors de ses fonctions au chemin de fer ;

« 2° A la simplification du service des gares, si le chargement et le déchargement s'opèrent directement par les expéditeurs et les destinataires;

« 3° A l'art avec lequel on sait suffire au service avec une quantité très-restreinte de matériel roulant. »

Il ressort évidemment de tout ce qui précède que les chemins de fer vicinaux sont praticables à nos contrées. Ici on adoptera la grande voie, avec son luxe et ses dépenses plus considérables; là on se contentera de la petite voie, avec les facilités et les petits bénéfices qu'elle apporte; mais partout on voudra jouir des bienfaits de la nouvelle loi récemment votée par le Corps législatif.

# DE

# L'AMÉLIORATION

## DES

## VOIES DE NAVIGATION INTÉRIEURE

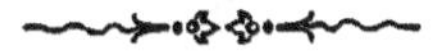

La question de la navigation intérieure est une des plus importantes de celles qui ont été traitées dans la dernière session du corps législatif. Comme le faisait observer l'honorable M. Chagot, cette question a d'autant plus d'importance que plusieurs orateurs ont attaqué les travaux publics et que leurs critiques ont jeté l'alarme parmi les agriculteurs, industriels ou commerçants, qui attendent depuis cinq ans l'amélioration de nos canaux et de nos rivières, et le bon marché des transports qui doit en être la conséquence.

Depuis cinq ans le Gouvernement leur fait espérer ces travaux comme la juste compensation de la nouvelle situation que leur ont faite les traités de commerce; chaque année le Corps législatif a appuyé leurs vœux et il semble aujourd'hui, au dire de quelques-uns, qu'il doit se déjuger et laisser le travail du pays se débattre, sans le secours promis, contre toutes les difficultés qui lui ont été imposées.

Telle serait du moins la situation que sembleraient nous présager ceux qui, comme M. Thiers, nons ont dépeint l'état de nos finances sous des couleurs si sombres. Nous pensons au contraire, avec M. Chagot, que plus cet état est grave, plus le perfectionnement de nos voies navigables est une nécessité. Pour avoir des recettes proportionnées aux dépenses, l'Etat s'adresse surtout à l'agriculteur, à l'industriel, au commerçant. Il est évident qu'il obtiendra des avantages en raison du développement des affaires.

Or, tous ceux qui sont un peu au courant de ces questions savent qu'en ce qui concerne les canaux et les rivières les [allocations n'ont jamais été coordonnées dans un but d'ensemble; elles ont toujours eu un caractère d'intermittence, de dissémination, qui a empêché le pays de tirer tout le parti possible des sommes dépensées. Nous n'accusons pas le gouvernement d'incurie ou d'incapacité à cet égard; il a fait jusqu'ici des efforts intelligents; mais il y a là tout un système à organiser, et les plus habiles, les mieux intentionnés ne peuvent pas tout faire à la fois. Selon la judicieuse remarque de M. de Franqueville, dans sa réponse à M. Chagot, la canalisation de la France est une œuvre très-récente, tellement récente que quelques-uns de nos canaux, et des plus importants, n'ont été terminés et mis en exploitation qu'après les chemins de fer qui leur sont parallèles. Le canal de la Marne au Rhin, notamment, n'a été terminé qu'en 1853, alors que le chemin de fer de Paris à Strasbourg l'a été en 1852; le canal latéral à la Garonne est dans le même cas, et je pourrais multiplier ces exemples. Au commencement de ce siècle, la France ne possédait que 1,000 kilomètres environ de canaux; aujourd'hui elle en possède 4,700.

Qu'on remarque bien que nous n'avons pas seulement aujourd'hui 4,700 kilomètres de canaux et de rivières navigables, mais bien 4,700 kilomètres de canaux et de rivières canalisées, comme l'Oise, comme le Blavet, en Bretagne, et quelques autres rivières qui font réellement partie des canaux; quant à la longueur totale des canaux et des rivières navigables, ce qui est bien différent, elle s'élève à 11,000 kilomètres environ.

Ainsi, dans le chiffre de 4,700 kilomètres ne sont compris ni la Seine, ni l'Yonne, ni le Rhône, ni la Saône, ni la Loire, ni la Sarthe, ni toutes nos grandes rivières. Il faut donc, à ce chiffre, ajouter plus de 6,000 kilomètres. Telle est aujourd'hui la situation réelle des voies navigables en France.

Quand l'œuvre de la navigation a été entreprise par le gouvernement français, qu'avions-nous? Nous avions des rivières plus ou moins navigables, mais dont on pouvait à la rigueur se servir. La Seine, par exemple, malgré son état presque barbare, était cependant une voie navigable, extrêmement suivie et qui faisait la prospérité de Paris. Il en était de même de la Loire et d'autres rivières. On a dû naturellement, possédant déjà ces instruments, chercher à établir des canaux destinés à mettre les bassins en communication les uns avec les autres, de manière à former de grandes lignes de navigation intérieure; c'est ainsi qu'ont été créés les canaux à point de partage : d'abord, dans le XVII<sup>e</sup> siècle, les canaux de Briare et d'Orléans, puis le canal du Midi. Dans le siècle dernier, le canal de Bourgogne a été commencé ainsi que le canal du Rhône au Rhin, celui de St-Quentin et d'autres encore.

On a aussi commencé à mettre les rivières en communication les unes avec les autres au moyen de canaux. Aujourd'hui cette œuvre est fort avancée, mais elle n'est pas aussi près d'être terminée que le croit M. de Franqueville, qui nous fournit ces renseignements. M. le commissaire du gouvernement, tout en affirmant que nos canaux sont navigables, a bien voulu reconnaître qu'ils ne sont pas dans un état parfait sur tous les points ; il a ajouté que le gouvernement s'efforce tous les jours de les améliorer. C'est à quoi on ne saurait trop l'encourager, surtout à une époque comme celle où nous vivons, où certains procédés nouveaux, inconnus il y a 30 ans, tels que les barrages mobiles, permettent d'avoir une navigation continue sur des rivières, où jusqu'ici il avait été impossible de l'établir.

# DE
# LA SUPPRESSION

## des Droits de Navigation et de la Célérité sur les canaux et sur les rivières canalisées.

Cette question si importante pour le commerce, l'industrie et l'agriculture dans nos contrées a été mise plusieurs fois à l'ordre du jour pendant la dernière session du Corps-législatif. Elle a été également traitée au Sénat dans la séance du 17 juin dernier à propos d'une nouvelle pétition du comité des houillères du Pas-de-Calais. Ce comité renouvelait les plaintes fondées, qu'il avait déjà présentées l'année dernière, au sujet du préjudice que causent au commerce les droits de navigation, et il en demandait instamment la suppression. Cette demande n'est pas du reste isolée. D'après un relevé émané du ministère du commerce, la suppression ou la diminution des droits de navigation a été demandée, en 1863 et 1864, par 4 chambres de commerce, 4 chambres consultative des arts et manufactures et 20 conseils genéraux.

Les pétitionnaires convenaient que les droits de navigation ont été allégés ; mais ils font observer que les transports par eau ne servent guère que pour des marchandises encombrantes et de peu de valeur relativement à leur poids, en sorte que les droits, tout réduits qu'ils soient, surélèvent encore beaucoup le prix principal.

D'ailleurs, ajoutaient-ils, la circulation est libre et gratuite sur les routes et, en général, sur les ponts. Les frais d'établissement et d'entretien qu'ils exigent sont considérés comme une charge sociale. Pourquoi le même principe ne serait-il pas appliqué à nos routes d'eau ?

Ce raisonnement nous paraît concluant. Nous pensons également avec les pétitionnaires que si l'Etat prenait la sage détermination de renoncer à la modique somme de 4,200,000 fr. qu'il perçoit chaque année pour droit de navigation il en recueillerait d'amples compensations par les développements que prendrait l'activité commerciale, industrielle, agricole, et par l'augmentation qui en rejaillirait sur les impôts indirects. M. le général Thiry, rapporteur de la commission du Sénat et M. Cornudet ont émis une opinion contraire ; mais la pétition fut vigoureusement soutenue par MM. le comte de Beaumont et Michel Chevalier. Entre autres raisons M. de Beaumont a fait valoir celles-ci:

« Mes collègues savent que j'étais, avant le traité de commerce, très-conservateur ; dans plusieurs circonstances j'ai exprimé mon opinion dans son sein. Mais depuis que le traité de commerce est conclu, comme tout bon citoyen, je cherche, non-seulement à ce qu'il ne soit pas onéreux pour mon pays, mais même à ce qu'il lui soit productif.

« Lorsque le Gouvernement a fait le traité de commerce, il a annoncé de grands travaux publics pour venir au secours de notre industrie afin de la mettre à même de pouvoir combattre la concurrence étrangère. C'est ainsi que, dès 1860, sur la proposition de M. Magne, les droits sur les canaux ont été abaissés. Aujourd'hui tout le monde reconnait que ce n'est pas suffisant, et voici pourquoi. Ce n'est pas que le droit lui-même soit très-onéreux pour l'industrie, mais ce sont les temps d'arrêt qu'occasionne la perception de ce droit. Or tout le monde le reconnait aujourd'hui, le temps est un capital ; donc le temps perdu est un capital perdu... »

« Je viens donc appeler l'attention de mes collègues sur cette grande question. M. le rapporteur lui-même vous a dit que le Gouvernement s'en préoccupait, je ne sais pas pourquoi le Sénat ne renverrait pas au ministre, comme appoint à l'examen auquel il se livre, une pétition très-sérieuse. et qui, en définitive, a été appuyée non-seulement par plusieurs conseils généraux mais aussi par des corps beaucoup plus compétents, par des chambres de commerce.

« Beaucoup de personnes ont reculé devant cet abaissement à cause de la concurrence que cela pouvait faire à certains chemins de fer. Dans une séance précédente, vous avez eu à vous occuper du canal du midi, dans celle-ci ce n'est nullement la même chose ; les canaux pour lesquels on demande la suppression du péage sont situés au centre de toutes nos industries. Je ne veux pas qu'ils fassent concurrence aux chemins de fer, car je suis de ceux qui veulent que les chemins de fer aient un prix et un large prix rémunérateur de leurs dépenses. Mais les canaux leur font-ils concurrence ? Evidemment non ! Telle chose que l'on fasse, le transport par canaux présentera toujours plus de lenteur que celui par chemins de fer. C'est toujours la voie d'eau qu'on emploiera pour les matières encombrantes. En voici quelques-unes que les chemins de fer ne peuvent pas transporter ; je citerai d'abord tout ce qui touche à la construction, la pierre, la brique, le bois. Il est impossible aux chemins de fer de satisfaire le public à un prix assez modique pour qu'il y ait avantage à faire par cette voie le transport de ces matières ; les canaux seuls peuvent s'en charger à bon marché. »

M. Michel Chevallier insista surtout sur la nécessité d'accélérer les transports par eau.

« J'ai été, dit-il, à même d'examiner les canaux des différents pays ; je suis forcé de convenir que la navigation sur les canaux français est lente,

et que cela devient, dans beaucoup de cas, une
gêne pour les opérations commerciales.

« La navigation sur les canaux anglais est plus
rapide ; celle sur les canaux américains est encore
plus rapide.

« M. le commissaire du Gouvernement a fait
une observation très-juste, quand il a dit que
dans beaucoup de cas la lenteur du service de
la navigation provenait de ce que beaucoup de
bateaux se présentaient aux écluses et qu'ils ne
pouvaient passer tous en même temps. Cela est
vrai ; mais, même en tenant compte de l'activité
de la navigation, je puis cependant attester à M.
le commissaire du Gouvernement que les canaux
français sont susceptibles d'un grand progrès sous
le rapport de la célérité.

« S'il y a un canal dans les cinq parties du monde
qui ait une grande navigation. c'est le canal Erié
qui joint la ville d'Albany dans l'état de New-York
au réseau des grands lacs intérieurs de l'Amérique
du Nord. Sur ce canal, qui n'a pas moins de 150
lieues de long, le trajet se fait en une huitaine de
jours ; et l'on ne peut pas dire que c'est le petit
nombre des bateaux qui sont sur ce canal qui
permet d'aller aussi vite, car le canal Erié est
bien celui sur lequel il existe la plus grande navigation.

« Donc à ce point de vue, au point de vue des
règlements, au point de vue peut-être aussi des
mœurs, des usages et des coutumes des bateliers,

il y a quelque chose à faire, et il appartient au Gouvernement de voir si dans des réglements, dans les dispositions prises pour le service de la batellerie sur les canaux, il n'y aurait pas quelque amélioration à apporter.

« Il est certain que, si entre Paris et le bassin houiller de Mons on pouvait gagner deux ou trois jours, ce serait un bienfait pour le commerce.

« C'est à ce point de vue qu'il faut rechercher quelles sont les améliorations que comporte la rapidité de la navigation et c'est pour cela que je jugerais convenable de prononcer le renvoi. »

Ce renvoi ne fut pas adopté par l'assemblée ; mais nous espérons que le gouvernement tiendra compte de ces observations, et qu'il finira par accorder les améliorations réclamées par l'opinion publique.

Voici quelques faits à l'appui des améliorations que nous réclamons.

On a racheté, de Dunkerque à Paris, neuf canaux ; sur ces neuf canaux, on a établi neuf tarifs différents, de telle sorte qu'il faut que le batelier soit excellent mathématicien pour comprendre et appliquer les combinaisons financières de son voyage ; car il ne peut connaître le taux de son fret à son départ et difficilement à son arrivée.

Mais il y a des faits plus considérables qui viennent entraver la navigation. Un batelier part de Dunkerque. Pendant son voyage, il doit, pour acquitter, les droits, s'arrêter de bureau en bureau tous les 35 kilomètres. Arrivé à quatre heures et cinq minutes, il est forcé d'attendre jusqu'au lendemain il perd douze heures ; et même, si c'est le samedi soir, il ne peut reprendre sa marche que le lundi matin ; il perd alors trente-six heures.

Lorsqu'il arrive à Saint-Denis, d'autres ennuis l'attendent ; il doit s'armer de patience. il trouve là un véritable barrage ; il ne peut plus passer pendant trois ou quatre mois de l'année, M. le préfet de Paris prend chaque jour de ce canal cent mille mètres cubes d'eau pour arroser les Parisiens et met le commerce à sec, comme le disait spirituellement naguère M. Jules Brame au Corps législatif. Cet honorable député, qui nous a fourni ces derniers détails, comprend la question absolument comme nous ; « on a fait, dit-il, le traité de commerce, et au moment de le signer, on s'est engagé à donner des compensations à nos industries. La plus précieuse de toutes consiste dans un système de transport à bon marché.

« Il n'est qu'un moyen d'y parvenir, c'est par une concurrence d'autant plus indispensable que toutes les compagnies de chemins de fer tendent à s'emparer du monopole.

« Et remarquez, messieurs, que la question a une grande importance ; si vous n'avez pas la concurrence, vous ne pouvez pas donner à l'industrie les avantages qui lui ont été promis à la suite du traité de commerce. C'est le transport des machines encombrantes et des matières premières au pied des usines qui doit être obtenu au meilleur prix possible. »

On le voit, c'est là une amélioration que tout le monde demande. Espérons que le gouvernement tiendra compte de ces réclamations et qu'il nous fera cette concession.

# DU

# RACHAT DES PONTS A PÉAGE

De toutes les anciennes institutions du moyen-âge, qui restent encore debout au milieu de nous, il n'en est peut-être aucune qui soit plus contraire à nos mœurs, plus antipathique à nos populations, et surtout à nos populations agricoles, que les ponts à péage. Cette question occupe depuis quelque temps les hommes politiques et les économistes. Dès 1862 une commission du Corps Législatif invitait le Gouvernement à saisir une occasion favorable pour donner aux départements et aux communes, par une loi qui fixât les conditions générales de l'expropriation des ponts à péage, une faculté raisonnable et nécessaire, dont l'usage serait d'ailleurs resté subordonné aux formes constitutionnelles.

Nos députés savaient que ce péage des ponts pèse lourdement sur les populations rurales. Il y a

des ponts qui nécessitent une dépense de 1 fr. et
1 fr. 50 c., et même 2 fr. et 2 fr. 50 c. pour
le seul passage d'une rivière, et les voitures ne
sont chargées souvent que d'objets d'une minime
valeur, tels que pommes de terre, herbes pour la
nourriture des bestiaux, d'autres fois même de l'en-
grais. Dans ce cas, le prix seul du péage du pont
équivaut à la valeur entière du chargement.

Ces ponts ne sont pas, comme quelques personnes
se l'imaginent, une rare exception en France.
Leur nombre s'élève à 471.

Il y en a 49 sur les routes impériales ; 142 sur
les routes départementales, 276 sur les routes com-
munales, 4 sur les routes stratégiques. Le total de
leur revenu est de 3,780,640 fr.; ce qui fait une
moyenne de 8,000 fr. par pont.

Un honorable députè M, Kerveguen, qui traitait
naguère cette question au Corps-Legislatif, et con-
cluait à leur rachat, partant de ces données, raison-
nait ainsi :

En calculant les années de jouissance restant à
courir, et l'amortissement partiel leur revenant,
puis ensuite un mode de remboursement en rente
3 pour 100 calculée sur le pied de 70 francs, on
arrive au chiffre de 49,288,280 francs de capital,
représentant une rente perpétuelle de 2,112,384
francs à ajouter au grand livre de la dette 3 0/0.

« Ainsi avec 49 millions en nombre rond, on
arriverait à libérer de suite tous les ponts à pèage
de la France, ce qui serait un immense bienfait.

« Veuillez m'en croire, messieurs, l'agriculture
est en souffrance, et si, au lieu des 54 millions
jetés en pâture à des industriels que vous n'avez même
pas sauvés du naufrage, vous en aviez accordé 49
à nos campagnes, vous auriez démesurément accru
la richesse territoriale, la première de toutes les
richesses, et la plus sûre.

« Je dis actuellement que le péage des ponts est
bien plus lourd pour les populations rurales que
pour celles des villes.

« En effet, dans les campagnes, les ponts à péage
se trouvent souvent à des distances énormes les uns
des autres ; il faut fatalement passer par ces ponts
ou faire des détours de plusieurs lieues, tandis que
dans les villes, et cela a lieu à Lyon, à côté des
ponts à péage il y a des ponts non payants : les
habitants peuvent faire un petit détour et passer sur
les ponts où l'on ne paye pas.

« La circulation augmenterait beaucoup si les
ponts étaient libres. Les propriétés qui avoisinent
ces ponts sont affectées d'une manière considérable
par le fait de ces péages. Si ces péages étaient abo-
lis ou rachetés, — ce qui serait peu coûteux pour
le Gouvernement, — ces propriétés se vendraient
beaucoup plus, l'enregistrement percevrait des droits
plus considérables, et, naturellement, les contributions
seraient améliorées.

« Les chemins de fer ont un intérêt immense
à ce rachat, et ils devraient venir en aide à l'Etat
pour le rachat du péage de ces ponts. Beaucoup

de personnes hésitent à apporter leurs marchandises aux chemins de fer à cause de la cherté du passage sur les ponts à péage. Pour presque tous les ponts qui ont été libérés on a remarqué que la circulation a doublé la première année, et triplé la seconde et la troisième. Il y a même un exemple d'un pont près de Tours sur la Loire, où l'augmentation de circulation a été s'élevant dans des proportions bien plus considérables encore.

« L'impôt du péage se répartit d'une manière excessivement pénible pour ceux qui doivent le supporter.

« En effet, il y a des départements où tous les ponts sont payants, et des départements où tous les ponts sont libres.

« Eh bien, n'y a-t-il pas quelque chose qui blesse l'équité de voir que dans les uns la circulation est entièrement libre, et dans les autres qu'elle est arrêtée à chaque pas? Un habitant voisin d'un pont à péage paye d'abord les contributions comme les habitants d'un autre département ; si, par-dessus le marché il est obligé par ses occupations, par la situation de ses propriétés, d'aller, de venir et de traverser le pont, il payera constamment un impôt, qui deviendra alors exorbitant par rapport à l'habitant de la plaine.

« Si l'on rachetait tous les ponts, ce serait une dépense qui, calculée à un chiffre assez bas, ne représenterait que 5 centimes par an et par habitant en France.

« Eh bien, l'homme qui habite aux environs
d'une rivière, quand vous faites un pont à péage,
parce que vous ne voulez pas construire ce pont
aux frais du trésor, est obligé non-seulement de
payer les 5 centimes, mais s'il va et vient chaque
jour sur le pont, il payera 730 fois l'impôt unique
des 5 centimes : trouvez-vous cela équitable ? »

Non évidemment, il n'y a équité ni à ce point
de vue, ni à beaucoup d'autres, que le temps et
l'espace ne nous permettent pas de développer ; nous
n'hésitons pas pour notre compte à déclarer, avec
M. de Kervéguen, que la situation est telle aujourd'hui pour les ponts à péage que leur rachat
général serait une œuvre populaire pour le gouvernement impérial, et une œuvre qu'il pourrait
réaliser à bon marché. Si le rachat des ponts de
Lyon, a fait acclamer l'Empereur à son passage
dans cette ville ; celui de tous les ponts ruraux
le ferait bénir dans toutes les chaumières de la
France.

Du reste, nous savons que le gouvernement est
tout disposé à marcher dans cette voie. Il admet
aujourd'hui la légalité et la nécessité de l'expropriation des ponts.

Il a déclaré lui-même que les ponts à péage
peuvent être expropriés ; ils peuvent l'être non-seulement par l'Etat, mais par les départements et
les communes. Et ceci n'est pas seulement une
théorie, les faits sont venus la confirmer. Une
commune du département des Deux-Sèvres, la

commune de Portjouet, trouvant un avantage considérable à supprimer le péage sur un pont voisin
a fait un sacrifice, a reçu une subvention du
département, et demandant l'application du principe admis dans les lois relatives aux ponts de
Trilport et de Bordeaux, elle est venue devant la
chambre des députés et a obtenu un projet de
loi qui l'autorisait à faire l'expropriation.

Les mêmes résultats ont eu lieu depuis pour d'autres ponts, et l'on peut espérer que dans peu
d'années ils seront tous rachetés sur tout le territoire de l'Empire français.

# DES
# SOUFFRANCES DE L'AGRICULTURE
## en 1865.

___

### De la nécessité et des principaux moyens
### d'y remédier.

___

On lit dans le troisième paragraphe de l'Adresse votée cette année par le Corps législatif les lignes suivantes :

« L'abondance de deux récoltes successives, en même temps qu'il y avait insuffisance de fourrages, a provoqué un avilissement général du prix, source de plus de *souffrances* pour les producteurs que de bien-être pour les consommateurs. Cet état de choses, même passager, vous paraîtra comme à nous, Sire, une raison nouvelle de chercher avec sollicitude tout ce qui pourrait être réalisé d'améliorations en faveur de ces populations agricoles, si laborieuses, si modestes, et si dévouées. »

Ces paroles constatent une situation trop réelle pour qu'on puisse contester leur exactitude, et le devoir de la publicité et du journalisme se réduit ici à exposer les causes de ces souffrances et à indiquer ensuite les remèdes applicables à un tel état de choses.

Nous ne nous dissimulons pas que la question est complexe. Le mal que chacun déplore vient d'un grand bien, l'abondance des récoltes. Il ne dépend point, comme on l'a dit, de la loi ou des institutions gouvernementales. L'industrie agricole relève avant tout et directement de la Providence, et ceux qui accusent les traités de commerce du malaise général se trompent lourdement. Il suffit d'un instant de réflexion pour comprendre cette différence, et par suite accepter *à priori* la distinction intrinsèque qui existe entre les produits agricoles et les produits manufacturés. Qu'un filateur livre à une machine cent kil. de coton, il aura la certitude de retirer quatre-vingt pour cent de calicot. Il n'en est pas de même du laboureur ; en confiant ses semences à la terre, il ignore complètement ce que produira la récolte.

La cause principale des souffrances de l'agriculture n'est donc pas dans telle ou telle loi actuelle, mais elle est en grande partie dans le manque de capital. L'agriculteur français doit être mis, autant que possible à l'abri des éventualités de la baisse, il doit être mis à même de compenser une mauvaise année par une bonne, en prenant la moyenne des bénéfices et des pertes. Il est évident, par exemple, que le prix de la betterave n'a pu être rénumérateur pour nos contrées quand les sucres sont descendus, cette année, à 48 fr. 50 la bonne 4° et les alcools à 61 fr.; mais si on veut prendre la moyenne pendant les huit dernières années, on aura un prix satisfaisant de 80 et quelques francs comme cela résulte du tableau que voici :

Le prix de l'alcool a été :

   En janvier 1858, de 65 fr.;
   En janvier 1859, de 70 fr ;
   En janvier 1860, de 90 fr.;
   En janvier 1861, de 105 fr.;
   En janvier 1862, de 77 fr.;
   En janvier 1863, de 66 fr. 50;
   En janvier 1864, de 81 fr. 50;
   En janvier 1865, de 61 fr.

Avec la constitution et la vulgarisation du *Crédit agricole* le cultivateur de 1865 pourrait attendre les années rémunératrices, comme celles de 1860 et 1861.

Comme le disait naguère M. Guillaumin, notre agriculture est restée prolétaire, au sein de la société française. Il faut la faire sortir de ce prolétariat, en constituant son crédit, ou plutôt en le mettant à sa disposition, en le faisant connaître ; car, en réalité il y a un *crédit agricole,* largement constitué, comme le *crédit foncier*, et il n'attend que des demandes pour se développer. Un décret récent, rendu en Conseil d'Etat, a autorisé le *Crédit agricole* à augmenter de moitié son capital. Le

*Crédit agricole* est une institution récente, dont le Corps législatif a favorisé l'établissement en votant la loi qui lui attribuait une subvention éventuelle.

C'est là le premier pas et l'un des plus importants.

Un autre remède aux souffrances de l'agriculture se trouvera dans les voies de communication, dans les chemins de fer d'intérêt local et dans les canaux dégrévés de toute contribution. Nous croyons avec l'auteur cité plus haut que pour les matières encombrantes et lourdes qui sont les matières premières de l'agriculture, les chemins de fer ont un immense intérêt à ce que des voies navigables établies sur un grand réseau, amènent nos matières premières à nos agriculteurs ; et cela par une raison très-simple, c'est que les matières premières, ne pouvant supporter que des tarifs extrêmement faibles, ne peuvent arriver aux chemins de fer que lorsqu'elles ont été transformées en objets plus précieux par la fabrique agricole ; par conséquent, les intérêts sont identiques.

La suppression des droits sur les canaux et sur les rivières étant complètement à la disposition du gouvernement, il nous semble qu'il ne saurait hésiter à se dessaisir de ce revenu, si modique surtout en raison des frais de perception qui sont à la fois une charge et un embarras pour le commerce.

En favorisant l'agriculture par tous les moyens qui sont en son pouvoir le gouvernement rend un véritable service à toutes les autres industries. Selon la judicieuse remarque de M. Darblay, le cultivateur appauvri, cesse de donner du travail aux populations qui l'entourent ; le propriétaire, qui ne touche pas ses fermages, suspend ses dépenses. L'industrie ressent le contre-coup fatal de la détresse agricole, lorsqu'elle se prolonge.

Quand des populations rurales restent longtemps en souffrance, soit par l'avilissement des prix qui fait suspendre les travaux, soit par suite de l'extrême cherté qui rend les salaires insuffisants, c'est par centaines de millions qu'il faut calculer les pertes qui en résultent pour le pays.

Il est donc urgent d'établir un régime agricole qui mette nos cultivateurs à l'abri des éventualités de l'avenir. En sauvegardant leurs intérêts, on sauvegarde ceux de tous les autres citoyens, ceux de la société tout entière. Nous reviendrons sur ce sujet dans un prochain article où nous traiterons de l'organisation générale de l'agriculture.

# DE

# L'ORGANISATION

## GÉNÉRALE

### de l'Agriculture en France.

Nous avons traité dans un précédent article des souffrances de l'agriculture, de la nécessité et des principaux moyens d'y remédier. C'est une de ces questions vitales sur lesquelles on ne saurait trop insister. Elle est, du reste, de plus en plus à l'ordre du jour. M. le baron de Rivière correspondant depuis près d'un demi-siècle de la *Société centrale d'Agriculture de France*, l'un des fondateurs et le secrétaire, sous Charles X, du *Comité central des propriétaires de vignes*, a publié récemment sur ce sujet une petite brochure dans laquelle il propose un plan d'organisation générale de l'agriculture française. Cette organisation ayant été formulée par l'auteur en dix articles, nous ne croyons pouvoir mieux faire comprendre son projet qu'en reproduisant son plan textuellement. Le voici :

### Organisation générale de l'Agriculture.

Article 1er. — Dans chaque canton, il y aurait un conseil d'agriculture chargé d'étudier les besoins de l'agriculture locale et d'exprimer ses vœux.

Art. 2. — Ce conseil serait élu par le comice agricole du canton, partout où il en existe un.

Il serait composé, par le juge de paix, des six principaux fermiers et des six principaux propriétaires ruraux, lorsqu'il n'y a pas de comice dans le canton.

Art. 3. — Ce conseil serait convoqué une fois par mois, le dimanche, par le président du comice agricole ou par le juge de paix, qui en seraient membres de droit et présideraient, l'un ou l'autre, jusqu'à ce que le conseil eût choisi, lui-même son président.

Art. 4. — Le conseil ainsi composé, pourrait s'adjoindre, pour collaborateurs, telles personnes qu'il jugerait capables de l'aider dans sa mission, en tel nombre qu'il lui plairait.

Art. 5. — Quand le conseil serait définitivement constitué ; il discuterait toutes les questions d'économie sociale ou autres qui lui paraitraient intéresser l'agriculture en général ou les intérêts ruraux particuliers de la localité.

Lorsqu'il se croirait suffisamment éclairé, il consignerait sur le cahier de ses délibérations ses besoins et ses vœux, il nommerait un délégué, pris dans son sein ou en dehors, pour soumettre le résultat de ses délibérations à la chambre consultative d'agriculture du département, qui serait composée des délégués, ainsi nommés, par tous les conseils cantonaux du département.

Art. 6. — La chambre consultative d'agriculture coordonnerait les vœux de tous les conseils, exprimerait son opinion sur ces vœux, formulerait les siens et choisirait, dans son sein ou au dehors, un délégué pour porter ces vœux au conseil général d'agriculture qui se composerait des délégués de toutes les chambres consultatives de département.

Art. 7. — Une même personne pourrait être le délégué d'un ou plusieurs cantons, dans la chambre consultative de son département, d'une ou de plusieurs chambres consultatives, au conseil général d'agriculture. Elle aurait, dans les délibérations, autant de voix que de délégations.

Art. 8. — Le Conseil général d'agriculture étudierait les vœux émis, formulerait son opinion et agirait auprès du gouvernement et du Corps législatif, pour la faire prévaloir.

Art. 9. — Le Conseil général d'agriculture serait toujours réuni à Paris, au moment de l'ouverture du Corps législatif et y laisserait, pendant tout le temps de la session, une commission en permanence, pour veiller aux intérêts de ses mandataires.

Art. 10. — Les fonctions de délégué, à tous les degrés, seraient gratuites, ces Messieurs devant s'estimer heureux et largement dédommagés de leurs peines et frais, par l'honneur de servir leur pays et leurs compatriotes, avec un entier désintéressement.

Ce projet d'organisation, nous dit M. le baron de Rivière, n'est pas nouveau, il a eu l'entier assentiment de toutes les personnes à qui il a été communiqué sous Louis-Philippe, et des membres les plus distingués du congrès central d'agriculture que l'auteur en avait entretenus, lorsqu'il faisait partie de ce congrès, comme délégué du Gard. Il a été, plus tard, formulé en loi, avec quelques modifications, selon nous peu heureuses, par l'assemblée législative de la République.

Ce n'est donc pas une vaine utopie, ce ne peut être non plus un danger politique. Composé, comme on le propose, le Conseil général d'agriculture ne pourrait porter ombrage, ni au chef de l'Etat, ni au Corps législatif, puisqu'il ne serait, en réalité, qu'une réunion de pétitionnaires éclairés, sollicitant pour une classe de citoyens essentiellement pacifique et conservatrice, présentant, incomparablement, plus de garanties que les coalitions d'ouvriers récemment autorisées par la législation.

Ce ne serait pas même une innovation; puisque la dernière République avait fait quelque chose d'analogue.

La république, elle-même, n'avait pas innové, elle n'avait que régularisé, généralisé, étendu à l'agriculture tout entière le droit qu'ont exercé, de tout temps, les intérêts agricoles et autres en souffrance, de réclamer collectivement l'allègement de leurs maux, le redressement de leurs griefs, ou le développement et le bien-être de leurs professions respectives.

Les industries cotonnières, houillères, métallurgiques, etc., se sont souvent constituées en comité, pour faire entendre leurs doléances, quoique elles eussent des organes naturels, leurs Chambres et le Conseil général des manufactures et du commerce.

Les choses étant ainsi, nous ne voyons pas pourquoi le gouvernement de l'Empereur ne réaliserait pas une organisation analogue. Il nous semble qu'il y aurait peu de difficultés à vaincre pour arriver à ce résultat, que nous appelons de nos vœux.

LA

# DISTILLERIE AGRICOLE

La distillerie agricole se rattache à une multitude
d'intérêts divers. Elle a des rapports intimes avec
le travail des ouvriers dans nos campagnes, avec
la production de la betterave, du blé, de la viande
de boucherie, etc. Les conséquences favorables que
cette nouvelle industrie a déjà produite en faveur
de l'agriculture partout où elle a été établie, ne
sauraient être contestées. Elles ont été indiquées et
authentiquement constatées par une enquête minu-
tieuse, dont l'ensemble a été communiqué au
Corps-législatif, dans la dernière session, et dont
voici le résumé, tel que nous le trouvons dans un
excellent discours de M. Fosscau.

La distillerie agricole s'exerce aujourd'hui dans
environ 500 fermes et sur 90,000 hectares. Un
rapprochement de l'état des cultures, avant et après
l'établissement des distilleries dans 144 fermes,
donne les résultats suivants :

Avant la distillerie, il y avait 21,906 hectares
exploités en blé ; après la distillerie, il y a 27,970
hectares ; or le produit en blé par hectare était de

19 hectolitres 52, il est de 27 hectolitres 75. On comprend l'importance d'un tel résultat.

Le nombre des têtes de bétail entretenues, qui était de 25,368, est de 51,449 ; le nombre des bêtes engraissées, qui était de 6,995, est de 46,656 ; le nombre des ouvriers employés l'été, — veuillez bien noter ceci, — qui était de 9,851, est 25,735!.. Enfin le nombre des ouvriers employés l'hiver du chiffre de 4,767 s'est élevé à celui de 14,718!... La distillerie agricole a donc produit cet heureux résultat, là où elle est établie, de donner de l'ouvrage aux ouvriers l'hiver, de les retenir pendant cette saison, afin de s'assurer de leur travail et de leur concours pour l'été.

Tels sont, pour l'agriculture, les résultats produits par la distillerie agricole.

Quoi de plus éloquent pour démontrer les services rendus par le développement de la distillerie agricole, que ces chiffres! Certes, on peut discuter quelques-uns d'entre eux ; mais, dans leur ensemble, ils sont irréfutables, et les résultats généraux sont acquis sans contestation possible.

Ce n'est pas, du reste, d'hier que ces avantages ont été reconnus. Dès 1842 l'Empereur actuel, qui n'était alors que le prince Louis-Napoléon, écrivait ces lignes dans une remarquable étude sur les sucres.

« Partout où la betterave est en usage, la valeur vénale des terres a considérablement augmenté, le salaire des ouvriers a subi la même marche ascensionnelle, et l'aisance s'est accrue. »

Eh bien, ce que le prince Louis-Napoléon indi-
quait alors comme le résultat déjà acquis de
l'introduction de la distillerie agricole et, par
conséquent, de la betterave dans les fermes, s'est
accru dans une immense proportion.

Aujourd'hui la distillerie a pris un développement
considérable, au grand profit de l'agriculteur, car
ce n'est pas seulement à raison de l'alcool qu'elle
produit, mais à raison des pulpes qu'elle fournit
pour la nourriture du bétail que la distillerie vient
en aide à la culture du sol.

Chose étrange ; il y a encore des hommes intelligents, des députés, qui ont pu contester ces
conclusions, entre autres, M. Du Miral. L'opinion
émise par ce député eut au moins un bon résultat,
dans la séance du 21 juin dernier. Elle força M. le
marquis d'Havrincourt à prendre la parole, et il
n'eut pas de peine à prouver l'erreur de son Col-
lègue. Voici un passage de cette réplique.

» Comment admettre ce que disait l'honorable M.
du Miral? Il n'y a pas un agriculteur, il n'y a pas
un ouvrage d'agriculture qui n'ait discuté cette
question et qui accepte son affirmation.

» Comment ! il y aurait plus de bénéfice à faire
consommer ses betteraves directement par les bestiaux
que de leur donner les résidus ou pulpe après
en avoir extrait l'alcool! Mais chacun sait que le
sucre et l'alcool ne nourrissent pas les animaux.
Essayez donc d'en engraisser quelques-uns avec du
sucre, et vous verrez si vous trouverez des

bouchers qui les achètent. Tandis que la pulpe, après l'extraction du sucre ou de l'alcool, a conservé toutes les parties nutritives, de sorte que vous avez dans vos résidus toutes les matières utiles à vos animaux, et vous en avez tiré une matière commerciale qui donne en sus un produit net au culivateur. Il n'y a pas d'agriculteur qui ne sache cela. »

Partant de là M. le marquis d'Havrincourt conclut avec raison que si l'agriculture et l'industrie sont faites pour s'allier ensemble, il n'y a pas d'industrie qui s'unisse mieux à l'agriculture que l'industrie de la betterave. L'intérêt défendu est ici donc l'intérêt de toute l'agriculture française. L'agriculture ne peut plus prospérer ni même recevoir la rémunération de son travail et de ses avances avec le produit du blé, mais seulement par son alliance avec l'industrie.

Cette conclusion est évidente et incontestable, au moins pour nos contrées. Il peut se faire que sur tel ou tel point du territoire, il y ait des conditions de culture qui ne permettraient pas une alliance aussi complète, aussi absolue que dans le Nord ou le Pas-de-Calais. Mais nous n'avons pas à nous occuper ici de ces exceptions, et nous ne pouvons qu'engager nos agriculteurs artésiens à se pénétrer de plus en plus de la vérité exprimée dans les deux discours de MM. Josseau et d'Havrincourt que nous venons de mersuré.

Les hommes politiques de notre époque ont deux manières d'envisager les questions de finances. Les uns ne visent qu'à l'économie des deniers de l'Etat ; les autres sont tout disposé à dépenser dans les circonstances où les dépenses sont nécessaires et peuvent devenir productives. Les premiers, sous prétexte qu'il « vaut mieux tenir que courir, » refusent toujours de toucher aux sources existantes de l'impôt. Cette école a gouverné la France de 1830 à 1848.

A partir de cette époque les adversaires de cette théorie commencèrent à être écoutés du pouvoir, qui comprit qu'un Etat est une personne morale, qui ne meurt pas, qui n'a point de terme fixé pour se libérer, qui peut, non-seulement vivre, mais prospérer avec l'application d'un système financier qui ferait sombrer les fortunes particulières. En se plaçant à ce nouveau point de vue on entra peu à peu, timidement dans une nouvelle voie, on ne se préoccupa plus autant que par le passé de certaines dépenses secondaires, de certaines augmentations budgétaires d'un caractère transitoire. Les questions de commerce, de crédit, de travaux publics ont été ainsi abordées avec plus d'ampleur, avec un sentiment plus élevé, une intuition plus nette et plus vive des tendances industrielles et commerciales de notre époque.

Cette large manière d'envisager la situation est en partie empruntée à l'Angleterre. C'est le système financier de Sir Robert Peel, de MM. Gobden et Gladstone importé en France. Le gouvernement impérial est entré dans la voie où nos voisins ont trouvé la prospérité ; seulement il nous paraît avoir apporté un excès de prudence dans l'hésitation qu'il a mise sur quelques points, dans le maintien de quelques recettes budgétaires qui sont en opposition avec les tendances générales, et paralysent une partie des bons effets produits par les traités de commerce avec les principales nations du globe.

On n'a pas assez compris qu'en ouvrant la porte à toutes les industries étrangères, en leur permettant de venir lutter, rivaliser avec les nôtres, il fallait délivrer immédiatement ces dernières de toutes les entraves, de tous les vieux droits fiscaux. En maintenant ces droits, en se contentant de les abaisser sur quelques points, on est arrivé à une situation anormale, qui laisse notre industrie et notre agriculture aux prises avec une concurrence qu'elles ne peuvent combattre qu'au prix de sacrifices au-dessus de leurs forces et de leurs moyens d'action. Donnons un simple exemple, qui fera comprendre cette anomalie dans nos contrées. La tonne de houille coûte, en moyenne 12 fr., sur le carreau.

Transportée à Paris, on la paie jusqu'à 50 fr. Les houilles anglaises peuvent arriver dans la capitale au-dessous de ce prix. En présence de ces faits on se demande naturellement si les allocations budgétaires qui figurent aux chapitres du ministère des travaux publics, du commerce et de l'agriculture sont proportionnées aux besoins du moment. Pour notre compte nous n'hésitons pas à répondre négativement. Voici en effet ce que nous trouvons 1° au budget ordinaire, 5,550,000 fr. pour les rivières, et 5,206,000 fr. pour les canaux ; 2° au budget extraordinaire, pour les rivières et les fleuves 7 millions, et pour les canaux, 2,500,000 francs, soit en tout 21,250,000 francs. Qu'est-ce que cela, si nous rapprochons ces crédits des chiffres affectés à la guerre, à la marine, des départements ministériels qui absorbent les deux tiers des crédits alloués pour les services généraux du ministère, 521 millions, sur 811 millions ?

Il y a évidemment là une disproportion trop forte pour qu'elle puisse être longtemps maintenue. Le gouvernement l'a compris ; c'est pour cela qu'il a proposé à la dernière session le projet de loi de 360 millions pour les travaux publics ; mais cette allocation elle-même satisfera-t-elle à tous les intérêts ? Nous n'oserions l'affirmer. Elle fait une part d'allocations considérable aux ports, aux routes impériales, au service hydraulique etc.... C'est très bien ; mais, comme le disait M. Dalloz dans la séance du 17 juin dernier, les voies navigables qui sont un intérêt de premier ordre ne trouvent pas dans ce projet une réelle satisfaction, une satisfaction du moins proportionnée à l'urgence des travaux qu'elles appellent et à leur influence sur la mise en fabrication des matières premières de notre propre terroir. Mais on a surtout le regret de ne voir nulle somme portée audit projet pour subventions à ces embranchements ferrés qui sont la voie d'accès du centre industriel aux grandes artères du réseau, aux fleuves, aux rivières, aux canaux.

Pour remédier à ce mal il faudra bien finir par adopter un travail d'ensemble qui correspondra aux éventualités des traités de commerce, par la mise en état du réseau actuel de nos voies navigables, par le rachat de plusieurs de ces voies, par la suppression des droits de navigation, de péage et toutes les autres mesures fiscales du même genre qui deviennent de plus en plus impopulaires.

# ANNEXE

# ASSOCIATIONS OUVRIÈRES

## ET LES SOCIÉTÉS COOPÉRATIVES

*en général.*

## I

Un des faits les plus considérables de l'époque de transition que nous traversons, c'est évidemment la tendance des classes ouvrières vers l'association. Cette tendance a des causes variées et diverses. Les principales sont l'emploi des machines, le développement du commerce international et l'impuissance où se trouvent ceux qui restent dans l'isolement.

Les esprits superficiels qui ne voient jamais qu'un côté des choses trouvent dans ce mouvement un indice favorable des transformations de la société. Par l'association les petits capitaux, jusque-là stériles, deviennent féconds; le travail est moins long, moins pénible; il donne des bénéfices plus grands, une rémunération plus considérable. Cela est vrai, incontestable; mais ce n'est là qu'un des éléments, un des côtés de la question, et l'on oublie trop que tout n'est obtenu en bien des cas qu'au prèjudice de l'indépendance personnelle des travailleurs. Cette combinaison nouvelle du travail et de la production *dépersonnalise* complètement, si l'on peut s'exprimer ainsi, les individus. Il y a là une espèce de courant qui entraine la classe ouvrière dans un sens inverse des plus glorieuses conquêtes de la révolution française ; en sens inverse de ce qu'on appelle progrès politique et même progrès social. Cette contradiction dans les tendances des travailleurs est-elle de nature à produire l'harmonie au sein de la société ? Serait-elle même rationnelle, si elle était poussée jusqu'à ses dernières limites ? Nous ne le pensons pas. Quoi ! au moment même où la liberté et l'égalité triomphent dans nos lois, dans nos codes ; au moment où le *français* est réellement *franc, affranchi* de toutes les vieilles entraves d'un autre âge ; au moment où il se glorifie de ses droits d'homme et de citoyen, c'est à ce moment là qu'il serait fatalement ramené dans l'ordre économique à l'inégalité, à la dépendance sous la nomination hiérarchisée des capitaux? Le maître ne s'appellera pas roi ou empereur ; il se nommera Plutus, dans une société totalement constituée d'après les principes des partisans exclusifs de l'association. Ce sera une différence purement nominale. Le travail personnel, intelligent, digne, ne serait plus maître de lui-même ; il ne serait plus *autonome*, souverain. De là absence d'initiative, perte de tous les mobiles qui poussent les individus à faire le mieux possible pour jouir des avantages de leur succès. Le travailleur individuel commande en quelque sorte à l'outil qu'il emploie ; l'associé est soumis à un mécanisme qu'une autre main dirige. Dans bien des cas il n'alimente pas seulement une *machine*, il devient lui-même un des engrenages. Est-ce là une condition bien appropriée au développement des facultés intellectuelles et morales de l'humanité ? Qui oserait le soutenir ? Ceux qui ne voient la perfection absolue que dans l'association, et dans l'association seule sont des aveugles qui conduisent des aveugles. Il leur arrivera inévitablement ce que leur annonce l'évangile, ils tomberont dans la fossé.

Est-ce à dire que l'association soit radicalement mauvaise, anti-sociale par elle-même ? Non assurément ; loin de là, et la critique que nous venons d'en faire ne tombe que sur les exagérations faites, par les socialistes et les communistes, d'une idée juste, d'une idée chrétienne. En agissant ainsi ils ont jeté la véritable science économique hors de la nature humaine ; ils ne tiennent presque aucun compte des instincts, des sentiments innés dans chaque homme ; ils placent les individus dans une autre atmosphère que celle dans laquelle ils doivent vivre. Quand on place la question sur le terrain des réalités, on voit l'association à un autre point de vue. Alors, tout en répudiant les rêveries des utopistes, tout en niant que l'association doive devenir le fait général, universel, l'état normal de l'humanité, on peut accorder que *certaines* industries, *certains* ouvriers feront bien de réunir leurs efforts, de s'associer pour obtenir avec le salaire courant une part de bénéfices. Ici le point de vue moral change complétement ; l'individu n'est plus machine, il est membre d'un corps; il est intéressé à travailler au succès de l'entreprise, il y a *coopération*, plutôt qu'*association*. Ces deux termes nous semblent assez bien indiquer la différence que nous voulons établir. Aussi le mot *coopératif* tend-il à devenir le terme usité de la langue économique pour séparer nettement les utopies des saines doctrines en cette matière.

Une chose digne de remarque, c'est que l'association, telle qur nous l'avons décrite plus haut, après avoir échoué dans ses applications en 1848 et postérieurement, a abandonné la voie désastreuse et couverte de ruines, dans laquelle elle était entrée, pour s'en frayer une nouvelle. De brillants et magnifiques succès ont couronnè les efforts de la coopération en Allemagne, en Angleterre et même en France. Toutefois ce nouveau mouvement des associations ouvrières n'est pas encore assez développé pour qu'il puisse être jugè définitivement par ses œuvres. Tout ce que nous pouvons faire, c'est d'indiquer les principaux points, les principaux éléments organisateurs de cette nouvelle phase que traversent les questions économiques de nos jours. Nous en avons déjà dit quelques mots nous complèterons dans les chapitres qui vont suivre.

# DES

## ASSOCIATIONS OUVRIÈRES

### et des Sociétés Coopératives

D'APRÈS MM. WALRAS ET HORN.

———◦◦✥◦◦———

## II

En traitant ces questions délicates M. Walras a eu soin de séparer l'étude du principe économique des associations ouvriéres de la question complexe de leur organisation financière. Cela résulte clairement de l'analyse de l'une de ses conférences faite par M. Jules Paulet dans l'*Economiste français*. Il a démontré, nous dit notre confrère, que les principes de responsabilité sociale sur lesquels reposent les diverses formes de sociétés commerciales, énoncées au titre III du Code de commerce, ne conviennent que plus ou moins imparfaitement aux associations de consommation, de production ou de crédit. Il a constaté aussi que les diverses formalités légales imposées aux sociétés en nom collectif, anonymes ou en commandite, sont plus ou moins absolument inacceptables par les sociétés de coopération.

L'orateur a provoqué et demandé une réforme

de la législation qui permette aux associations populaires d'acquérir une existence légale ; mais le
jeune économiste n'est pas resté dans le cercle
étroit de la théorie, il l'a franchi pour proposer
une combinaison, heureuse à notre sens, qui serait
pour les sociétés de coopération ce que la loi du
5 mai 1863 a fait pour les sociétés à responsabilité limitée.

M. Léon Walras a proposé son système sous
forme de projet de loi qui arrive opportunément,
au moment où le conseil d'Etat a préparé les
bases d'un projet de loi relatif aux associations
ouvrières et notamment aux sociétés coopératives.
Deux membres éminents du conseil, MM. Langlais
et Duvergier, dont la compétence est reconnue par
tout le monde, ont été chargés d'étudier cette intéressante question qui doit être résolue dans un
esprit élevé d'impartiale bienveillance pour les
classes ouvrières et le respect des principes de la
science et de la morale. C'est la grandeur du conseil d'Etat de se trouver ainsi placé de manière à
tenir la balance la plus juste entre tous les intérêts,
mais s'est-il assez préoccupé des intérêts des tiers ?

M. Walras a senti, lui, qu'il ne pouvait pas tirer
un parti nouveau et avantageux de la *responsabilité
solidaire* pour l'avenir et la bonne organisation des
associations populaires, parce que cette responsabilité est ou n'est pas, et qu'elle ne saurait être de
deux manières, qu'elle est invinciblement ce qu'elle
est, sans pouvoir fléchir. Il a compris aussi que,

malgré sa flexibilité et sa perfectibilité, la *responsabilité limitée* offrirait des inconvénients, bien qu'elle presentât le double caractère de responsabilité proportionnelle et de responsabilité limitée, mais trop limitée, puisque cette limitation pouvait, dans un cas donné, n'offrir qu'une satisfaction incomplète aux droits des tiers créanciers vis-à-vis de la société. Alors, M. Walras lui a enlevé son caractère de trop grande limitation, sans lui faire perdre son caractère de proportionnalité, et il en est venu à ce genre de responsabilité collective qui nous semble s'approprier entièrement aux sociétés de coopération, et qu'il formule ainsi : « Responsabilité pour chaque associé proportionnelle à sa quote-part d'un fonds social, susceptible de se trouver soit supérieur, soit égal, mais *jamais inférieur* au passif éventuel de la société!!

M. Walras a donné à cette responsabilité le nom de *Responsabilité proportionnelle* intégrale.

C'est le principe de la garantie mutuelle tel qu'il existe dans les sociétés d'assurance mutelle.

M. Horn qui a particulièrement traité la question des sociétés coopératives, s'est exprimé ainsi vers la fin de l'une de ses conférences qui a été le plus applaudie :

« Il y a trois modes différents pour venir en aide à la classe travailleuse.

« Il y a un système qui dit : « Laissons venir la misère, et nous la soulagerons, quand elle sera venue. » C'est le système si largement pratiqué au

moyen-âge, le système qui ouvre des bureaux de
bienfaisance, crée les monts-de-piété, les hôpitaux.
Je ne veux certes pas en médire ; je sais parfaitement apprécier les sentiments généreux dont
s'inspirent les promoteurs de ces œuvres ; assurément il vaut mieux quand la famille est mal-
heureuse, recevoir du bureau de bienfaisance un
morceau de pain que de mourir d'inanition ; il vaut
mieux guérir à l'hôpital que de mourir chez soi
faute de soins. Malgré cela, tous les hommes intelligents dans la classe laborieuse et en dehors
reconnaissent aujourd'hui que la charité et l'au-
mône sont insuffisantes au point de vue matériel
et exercent une influence délétère au point de
vue moral sur celui qui les reçoit. (Applaudis-
sements.)

« Il y a une autre système un peu moins
mauvais que celui dont je viens de parler, c'est
celui qui s'applique à prévenir, jusqu'à un certain
point, les souffrances de la classe laborieuse, à
mettre l'ouvrier à même de les supporter plus
aisément quand elles arriveront. C'est le système
qui crée les caisses d'épargne, les sociétés de secours mutuels. On dit : « L'ouvrier est fatalement
condamné à ne jamais arriver à l'aisance, il sera
toujours exposé à des souffrances exceptionnelles ;
tâchons de le mettre à même, quand ces souffrances
arriveront, qu'il puisse les supporter plus aisément. » Mon Dieu ! nous savons tout ce que
valent ces préservatifs, combien vite sont dévorées

les rares épargnes de l'ouvrier, comme sont insuffisants les secours quand la maladie entre dans la
famille de l'ouvrier.

« Notre ambition à nous, ami et partisan de
la coopération, est plus vaste ; nous ne voulons
pas seulement comme les premiers, soulager la
misère du prolétaire ; nous ne voulons pas, comme
les seconds, le préparer à supporter avec un peu
plus de facilité la misère quand elle arrivera.
Nous voudrions, à l'aide de la coopération, prévenir la misère... Le but est élevé, mais il n'est
pas impossible à atteindre ; au moyen de la coopération on parviendra, si elle se développe, à
donner à l'ouvrier l'indépendance qui est le sort de
celui qui travaille pour son propre compte ; on
parviendra à lui donner l'aisance, car il pourra
accumuler et garder pour lui-même les bénéfices de
son travail. En un mot, l'association coopérative
ne veut pas adoucir le sort de l'ouvrier, mais
le changer ; elle ne veut pas seulement protéger
le travailleur contre la misère à venir ; elle
veut assurer son aisance pour aujourd'hui et
demain...

« Nous croyons avec Bastiat que l'invincible
tendance de notre époque est une approximation
constante vers un niveau commun physique, intel-
lectuel et moral, en même temps une élévation
progressive et indéfinie de ce niveau commun.
Nous croyons que les sociétés de coopération sont
un des moyens les plus sûrs pour réaliser cette

tendance invincible et pour arriver à cette élévation du niveau général. Voilà pourquoi nous ne saurions trop recommander aux classes laborieuses la pratique de l'association, et pourquoi nous la jugeons digne de la sympathie de tous les hommes de cœur et intelligents à quelque classe de la société qu'ils puissent appartenir. »

Du reste que l'on ne se méprenne pas sur le sens et sur la portée des paroles de M. Horn. Il ne voit pas plus que nous dans l'association une panacée capable de guérir tous les maux, de remédier à toutes les inégalités. Il croit seulement qu'elle peut avoir sur la situation générale des travailleurs une heureuse influence, parce qu'elle donnera à plusieurs une position plus indépendante et relativement meilleure. Il en trouve la preuve dans ce qui a été produit en ces derniers temps par les caisses d'épargne et par les sociétés de secours mutuels. La statistique établit en effet, qu'à la fin de l'année 1863 les caisses d'épargne comptaient 1,471.000 dépositaires, dont l'avoir dépassait 448,000,000 de francs ; qu'à la fin de cette même année 1863, il y avait en France 4,721 sociétés de secours mutuels avec 376,000 participants et un avoir de 34,300,000 fr. Cette fréquentation de la caisse d'épargne, cette multiplication croissante des sociétés de secours mutuels prouve que l'idée de l'épargne, de la prévoyance se répand de plus en plus dans la classe travailleuse ; cela prouve encore que l'idée de l'avenir se développe chez le travailleur. On ne peut que se féliciter de constater de pareils résultats.

Si on les a obtenus dans des conditions relativement moins favorables au succès que la coopération, on peut espérer beaucoup de celle-ci. C'est ce qui a engagé le gouvernement à régulariser ces associations en préparant une loi qui les fera entrer dans la sphère de la légalité.

# LES

# ASSOCIATIONS OUVRIÈRES

## et les Sociétés Coopératives

## AU CONSEIL D'ÉTAT.

### III

Le mouvement qui se produit dans les classes populaires et qui pousse les ouvriers à s'unir et à s'associer, ainsi que les résultats obtenus ont éveillé l'attention du gouvernement, et une loi a été préparée sur ce sujet. L'exposé des motifs, délibéré en Conseil d'Etat nous fournit des renseignements qui confirment et complètent les aperçus que nous avons déjà esquissés sur cette question nouvelle et toute d'actualité. Comme ces renseignements ont un caractère officiel, nous croyons devoir les reproduire en partie; ils prouveront à nos lecteurs que nous n'avions rien exagéré. Voici d'abord comment l'auteur de l'exposé fait l'historique de la naissance et des progrès des sociétés coopératives en Angleterre, en Suisse, en Allemagne et en France.

Toutes les versions, dit-il, s'accordent sur ce point, qu'en Angleterre, c'est vers la fin de l'hiver

1844 que, dans une petite ville, à *Rochdale*, quelques pauvres ouvriers tisserands en flanelle formèrent la première association de consommation.

Ils étaient vingt-huit associés ; la mise sociale n'était que de deux *pence* par semaine pour chacun ; ils se nommèrent *les équitables pionniers de Rochdale*.

Les commencements furent difficiles; mais grâce à une louable persévérance, la société s'est élevée à un degrè de prospérité auquel ses fondateurs ne songeaient pas à son début. En 1864, le nombre des associés dépassait quatre mille, le capital s'élevait à un million de francs, et le chiffre des opérations à 6,500,000 fr.

Cet exemple a été imité. L'on affirme qu'indépendamment de la société de Rochdale, il existait en Angleterre, au 31 décembre 1863, 464 sociétés enregistrées; d'après le *Provident-Societies act.* 381 ont envoyé leur rapport. Il en résulte qu'elles se composent de 102,198 membres, que leurs capitaux et leurs bénéfices ont augmenté dans les mêmes proportions.

En Suisse, le mouvement a été moins prononcé; cependant il s'est formé un assez grand nombre de sociétés coopératives. La plupart ont adopté la forme anonyme; par conséquent elles ont sollicité et obtenu l'autorisation du Gouvernement. Leurs résultats sont en général satisfaisants; elles rendent de véritables services au petit commerce et aux ouvriers honnêtes.

L'Allemagne, spécialement la Prusse, marche d'un pas extrêmement rapide dans la voie nouvelle. Depuis 1850, les sociétés, surtout les sociétés de crédit y sont devenues très-nombreuses.

En 1862, elles s'élevaient à 700, selon quelques renseignements, et, d'après d'autres documents, à 900; elles comptaient près de 70,000 associés, avaient un capital de 38 millions, et l'on n'évaluait pas à moins de 120 millions l'ensemble des sommes qu'elles avaient mises en circulation.

Il parait qu'au milieu de l'année 1864, le nombre des sociétés s'était accru, qu'il s'élevait au chiffre de 900, composé de 662 banques de crédit, 172 sociétés pour la production en commun et pour l'achat des matières premières, et 66 sociétés de consommation. Les associés et les capitaux ont suivi la même progression.

Depuis longtemps en France il existe aussi des associations coopératives. Il y en a dont la date remonte à 1831. La société de consommation de Grenoble, formée d'abord avec le concours de l'autorité municipale, après avoir remboursé le capital qui lui avait été prêté, se soutient par ses propres forces.

Mulhouse, Lyon, Limoges, Nantes, Bordeaux et plusieurs autres villes ont aussi des institutions de crédit, de consommation et de production.

A Paris, on en compte un assez grand nombre, dont quelques-unes sont parvenues à réaliser des bénéfices et ont acquis une véritable importance.

Des faits de cette nature ne pouvaient échapper à l'attention du Souverain, animé pour les classes ouvrières d'une si profonde et si constante sollicitude. L'Empereur a voulu que notre législation fût mise en harmonie avec les besoins et les intérêts qui se manifestaient sous cette forme nouvelle.

Pour répondre à cette haute et généreuse initiative, la question a été étudiée sous toutes ses faces. Le conseil d'Etat a compris que pour avoir une idée juste de ce que sont les sociétés de coopération, de l'avenir qui leur est réservé et de la législation qui leur convient, il ne suffit pas de connaître l'époque et le pays où elles sont nées, de les suivre dans leurs développements, de savoir que telle de ces associations qui a commencé, il y a quelques années avec des mises sociales bien minimes et un très-petit nombre d'associés, compte aujourd'hui par milliers les membres qui la composent et par millions les capitaux dont elle dispose. Il a reconnu aussi et constaté que l'étude de leur mécanisme et des procédés qu'elles emploient a certainement une grande utilité ; ce n'est pas cependant des recherches de ce genre que l'on doit attendre les résultats les plus instructifs.

Si l'on veut bien comprendre les sociétés de coopération, il faut surtout s'attacher à connaître leurs causes morales, c'est-à-dire les sentiments qui les ont inspirées et les doctrines auxquelles, souvent à leur insu, ont obéi ceux qui les premiers les ont établies.

Ils ont été déterminés d'abord par l'intention,
louable de se prêter un mutuel appui ; puis ils
ont été confirmés et soutenus dans leur résolution
par l'amour du travail, le désir du bien-être joint
au goût de l'économie, la tendance à former le
capital par l'épargne, plutôt qu'à l'obtenir par
l'emprunt, avec la conviction que la violence le
fait fuir, la notion peut-être un peu confuse de la
puissance du crédit, et la connaissance, plutôt
instinctive que raisonnée, de tous les bons effets de
l'association,

Qu'on ne s'étonne point de cette réunion de
causes et d'influences diverses. Le contrat de société
est de tous celui qui se prête le mieux à l'alliance
en général si difficile des calculs intéressés et
des sentiments généreux. L'orateur du Tribunat
disait avec raison au Corps Législatif « *L'espoir
de partager le bénéfice que la chose commune pourra
produire est la vue intentionnelle que dirige ce contrat.* » D'un autre côté, on lit dans un ouvrage
publié vers la fin du dix-septième siècle, sur le
droit commercial que, « *selon Ulpien, les sociétés
sont louables, parce qu'elles ont beaucoup de rapport avec la fraternité.* »

Les deux idées sont également vraies. L'une et
l'autre peuvent servir à la saine appréciation des
faits qui ont été constatés plus haut, et à la détermination de voies et moyens à suivre en France
pour organiser la coopération sur ses bases véritables.

Quoique l'exposé des motifs du conseil d'Etat ne reproduise pas les dénominations déjà reçues dans la pratique de sociétés de *consommation*, de *crédit mutuel*, de *production* etc., il en indique parfaitement les éléments et les conditions dans le passage où il est question des effets qu'elles sont susceptibles de produire ; nous y lisons :

En achetant en gros des choses nécessaires aux besoins de la vie ou aux travaux des différentes professions, en les payant comptant, on les achète à meilleur marché et de bonne qualité. Les associés auxquels ces choses sont ensuite vendues profitent de ce double avantage. Le prix de la vente est toujours un peu supérieur à celui de l'achat; la différence est employée à faire face aux frais d'administration, à composer un fond de réserve ou à constituer des bénéfices qui sont distribués entre les associés, dans la proportion de leurs mises et quelquefois eu égard à l'importance de leurs acquisitions. Voilà pour les sociétés de consommation.

Les sociétés de crédit mutuel procurent aux associés les capitaux dont ils ont besoin. La plupart ne trouveraient point ailleurs le crédit qui leur est accordé par la société dont ils sont membres. Les avances qui leur sont faites le sont d'ailleurs à un taux modéré ; et plus tard ils participent aux bénéfices résultant des prêts qui ont été faits aux autres et à eux-mêmes.

Les sociétés de production ont pour but d'augmenter la rémunération du travail. Au lieu du salaire de l'ouvrier, c'est le bénéfice de l'entrepreneur qu'elles ont en vue de procurer à chacun de leurs membres. Mais, qu'on y songe bien, si le bénéfice est plus considérable le salaire est plus certain; et au lieu d'avoir des dividendes à partager, les sociétés de production pourront avoir des pertes à répartir. Ceux qui les forment, ne sauraient apporter trop de prudence dans leurs calculs ; s'ils n'y font pas entrer sérieusement l'éventualité de l'absence de bénéfices et même celle de la survenance de pertes, ils s'exposent aux plus cruelles déceptions.

Malgré toutes les distinctions qu'on pourrait établir, il y a dans toutes les sociétés de coopération un élément commun, la création du capital par l'épargne. Toutes également ont ce mérite, qu'elles excitent à l'économie et quelques-unes avec d'autant plus de puissance que c'est par le travail de ceux-là mêmes dont les économies auront formé le capital, que le capital devra fructifier.

En reconnaissant le bien que peuvent produire les sociétés de coopération, il ne faut point fermer les yeux sur les obstacles qu'elles auront à surmonter et sur les chances auxquelles elles seront exposées.

La loi ne peut qu'une chose : leur laisser la liberté la plus entière, même, autant que possible, aplanir devant elles les difficultés. C'est à la prévoyance, à la persévérance des associés à faire le reste.

C'est ainsi que nous avons toujours entendu la question : ce qui est un bien pour les hommes capables et intelligents peut être une cause de ruine pour des ignorants et des ambitieux sans lumière et sans expérience.

# ENQUÊTE

## SUR LE MOUVEMENT

# DES ASSOCIATIONS OUVRIÈRES

et des Sociétés Coopératives

A L'ÉTRANGER.

## IV

Dans sa sollicitude pour les classes ouvrières le gouvernement de l'Empereur a jugé à propos d'ouvrir une nouvelle enquête sur le mouvement coopératif, et il fait étudier en ce moment, d'une manière toute spéciale, l'organisation des sociétés ouvrières en Angleterre, en Allemagne et dans les autres pays de l'Europe. Il y a là une preuve de bonne volonté, de bon vouloir à l'égard de nos ouvriers, et une sollicitude éclairée bien digne d'éloges. Il y a aussi une exception à ce qui se passe ordinairement chez nous. En général la France ne va pas chercher la lumière chez nos voisins d'outre-manche ou d'outre-Rhin ; mais elle la porte chez eux. Pourquoi en est-il autrement sur ce point d'économie politique et sociale? La réponse à cette question est facile. C'est qu'en

France les avantages de l'association et les principes de la coopération ont été arrêtés dans leurs développements par des bouleversements politiques. La partie solide et réalisable des systèmes élaborés depuis 50 ans, n'a jamais été complètement dégagée chez nous des utopies qui tendaient à une perfection irréalisable, à un idéal chimérique. Pendant que la portion saine et éclairée de la nation française repoussait les théories icariennes de M. Cabet, le phalanstère de MM. Fournier et Victor Considérant, les ateliers nationaux de M. Louis-Blanc, et toutes les rêveries analogues, l'Angleterre, l'Allemagne, la Suisse et même la Russie entraient en partie dans la voie régulière des développements de l'association rationnelle.

Aujourd'hui la France sent qu'elle a besoin de reprendre la tête du mouvement, et pour cela elle songe d'abord à profiter de l'expérience. C'est la bonne méthode ; c'est un moyen d'éviter les écueils où ces nobles et généreuses idées ont déjà sombré.

Du reste en jetant un coup d'œil rapide sur ce qui a été accompli chez nos voisins on reste convaincu que nous avons beaucoup à apprendre, et qu'une étude sérieuse de l'organisation do leurs sociétés coopératives peut nous être fort utile.

Nous ne reviendrons pas ici sur ce que nous avons déjà dit sur l'origine et la constitution des sociétés anglaises et allemandes. Nous avons raconté précédemment l'origine et les progrès des *équitables*

*pionniers,* ou si l'on veut des *pionniers de l'équité*
de Rochdale, ville anglaise de 35,000 habitants,
qui se glorifie d'avoir donné le jour à M. Bright,
et d'avoir porté l'illustre Cobden au parlement.
Cette initiative, qui date de 1844, a trouvé de
nombreux imitateurs sur le sol de la Grande-
Bretagne, et au commencement de l'année dernière
on comptait :

```
454 Sociétés coopératives ;
Dont 381 avaient fourni leurs rapports.
Le nombre total des sociétaires était de.      108,588
Le chiffre d'affaires, de . . . . . .      65,668 525
Ayant donné un bénéfice à . . . .        5,340,575
Soit 8 0/0 du chiffre des affaires
et 49 fr, pour chaque associé.
```

Ce mouvement coopératif embrasse à la fois la
production, le commerce et la consommation. Sous
le premier rapport on cite surtout, outre la société
de Rochdale, les minoteries de Hull, Leeds, Bread-
ford, Halifax, Rawenstall, la fabrique de bougies
de Belmont, et diverses fabriques, à Preston,
Manchester, Liverpool, Londres, Edimbourg, Cole,
High Wycombe, Bury, Birstall, Wolverhampton, etc.

'Si à côté des sociétés enregistrées on ajoute
celles qui ne le sont pas encore, on trouve en
Angleterre et en Ecosse 800 sociétés coopératives
réunissant 200,000 membres et possédant près de
30 millions. Dans les sociétés bien dirigées le
revenu est de 15 à 20 %.

Depuis quelques années, dit *l'Economiste français,*
la pratique et la théorie s'appliquent à agrandir
le cercle des entreprises, d'abord tout à fait locales

ainsi qu'à en relier les éléments et étendre la publicité. A Manchester et à Londres une association générale s'est formée pour l'approvisionnement de la métropole et des comtés environnants; — un club a pris le titre de *Working Men's and Institute Union*; — une association *pour le développement de la coopération* est instituée depuis 1863, ainsi qu'une *Ligue pour l'amélioration du sort des travailleurs*. Déjà même se dessine le caractère international. Une société ouvrière anglo-française est, depuis deux mois, installée à Sydenham. Un congrès international de délégués des sociétés ouvrières va se tenir à Londres.

La coopération anglaise a pour organes, outre le *Cooperative Directory* du *Registrar*, un journal spécial, le *Cooperator*.

Voici le tableau des principales sociétés productives et commerciales de l'Allemagne, tel qu'il résulte du rapport de M. Deltzsch :

| | | |
|---|---:|---:|
| Associations de cordonniers en Prusse... | 33 | |
| — — en Saxe..... | 17 | 80 |
| — — dans le reste. | | |
| de l'Allemag. | 30 | |
| — de tailleurs en Prusse.......... | 20 | 36 |
| — id. dans le reste de l'Allemagne.. | 16 | |
| — d'ébénistes, de fabricants de pianos et de fabricants de chaises... ........... | 19 | |
| — de tisserands.. ....... ............ | 10 | |
| — de forgerons............ ..... .. ... | 7 | |
| — de relieurs.......................... | 4 | |
| — de fabriques de peignes, Nuremberg..... | 1 | |
| — de tanneurs, Glükstadt, Holstein........ | 1 | |
| — de lampistes, Berlin ..... ......... | 1 | |
| — de mécaniciens, Chemnitz.............. | 1 | |
| — de maçons.................. | 1 | |
| — de vanniers, Berlin................ ... | 1 | |
| — de meuniers, Nuremberg.............. | 1 | |
| Total............... | 163 | |

Il y a en plus 4 magasins pour la vente en

commun : Grevermühlen, Meberlingen, Ulm et Wiesbaden.

Ces associations se divisent en :

13 pour l'achat des matières premières ;

7 pour l'achat des matières premières avec magasin pour la vente en commun des produits fabriqués ;

10 magasins pour la vente des produits fabriqués ;

22 associations de production, etc.

A cet ordre de Sociétés, on peut rattacher l'emploi de machines à frais communs, et l'acquisition d'une force collective ( eau ou vapeur ), dont on voit quelques exemples à Nuremberg, à Munich, etc.

Quant aux associations de consommation, on en compte une soixantaine.

En Belgique on constate aussi le succès de plusieurs sociétés. L'*Union du crédit* de Bruxelles seule a escompté pendant l'année 1864 pour près de 150,000 effets de commerce. Chaque sociétaire a usé de son crédit pour 25 à 30,000 fr. Les *Unions* de Gand, de Liège et d'Anvers prospèrent également.

En Suisse la coopération est profondément enracinée. Il y a là d'excellents renseignements à recueillir. Elle porte également des fruits en Italie. Quant à la Russie, voici ce qui en est d'après notre savant confrère M. Jules Duval :

En 1862, plusieurs associations ont été fondées, dont une à Riga par des menuisiers et des ébénistes qui, ayant besoin de grands magasins pour mettre leurs meubles, ont organisé, tout à fait d'après les statuts des associations allemandes, une caisse d'avance. Dès la première année, la Société a vendu pour 240,000 fr. de meubles, soit pour chaque ouvrier une moyenne de 7,000 fr., avec une mise de fonds de 142 fr. 50 c. seulement.

Dans la livraison d'août 1865, du *Journal des Economistes*, M. V. de Potochine a rattaché au mouvement coopératif diverses associations usitées en Russie : celle des bateliers ou mariniers qui font les transports sur les fleuves navigables ; celle des rouliers de la Petite-Russie pour transports par terre ; — les Sociétés de pêcheurs dans les pays avoisinants les bords des fleuves ( l'Oural, par exemple), des lacs, des mers (Blanche et Glaciale); — le métayage pour la culture des terres ; — les associations des commis de commerce à la Bourse de Pétersbourg et à la Bourse de Moscou ; — enfin jusqu'au régime des troupes. Nos lecteurs découvriront d'eux-mêmes en quoi tous ces rapprochements sont forcés, et prouvent moins la diffusion de l'esprit coopératif que le vif désir des publicistes russes, comme du gouvernement moscovite, de persuader à l'Europe qu'il avance à grands pas dans les voies libérales de la civilisation.

On voit par ce résumé succint que l'enquête ordonnée par le gouvernement pourra puiser d'excellents et utiles renseignements dans le mouvement coopératif à l'étranger, surtout an point de vue de l'application. Il y a un triage à faire dans les divers pays. Tout n'est pas acceptable. L'intelligence de nos législateurs saura faire ce choix.

# LA
# SITUATION ET LES VŒUX

## DES CAISSES D'ÉPARGNE

### En France et à l'Etranger.

#### en 1864.

I

L'attention de nos lecteurs a été sans doute déjà appelée plusieurs fois sur l'intéressante institution des Caisses d'épargne et de prévoyance ; mais il reste encore beaucoup à dire sur ce sujet. Il nous semble que le procédé le plus sûr pour ne pas faire fausse route dans une question aussi délicate et aussi complexe, c'est de s'appuyer sur l'autorité des hommes les plus compétents, sur les rapports officiels, qui constatent la situation actuelle des choses en France et à l'étranger, et indiquent en même temps les améliorations les plus urgentes. C'est ce que nous allons essayer de faire dans les lignes suivantes, en prenant pour guide principal M. F. Delessert, et en commençant par la Caisse d'épargne de Paris.

D'après le rapport présenté à l'assemblée générale le 29 juin 1865, la situation de cette caisse présente une diminution dans l'avoir des déposants et une augmentation dans leur nombre. Ce nombre s'est accru de 1,850, pendant l'année 1864, et M. Delessert regarde avec raison ce résultat comme une preuve certaine des progrés de l'institution. En effet, dit-il, le but principal que se sont proposé les fondateurs des Caisses d'épargne, et que nous avons toujours poursuivi avec votre concours, n'a jamais été d'accumuler dans nos Caisses des masses considérables de capitaux, mais de propager dans les classes laborieuses les bonnes habitudes de l'ordre et de l'économie et c'est surtout dans le nombre de nos déposants que nous pouvons trouver la preuve que ce but est atteint. C'est donc le nombre de nos déposants qu'il faut surtout compter dans nos examens de situation.

Allons plus loin ; parmi ces clients eux-mêmes, il y a une distinction à faire. La Caisse d'épargne remplit d'autant plus complètement sa mission, qu'ils appartiennent en proportion plus grande à ces classes où l'épargne est plus lente à se former, où un travail moins rémunéré rend plus longue et plus pénible la formation d'un pécule. C'est dans ces couches sociales que les conquêtes sont le plus précieuses pour la Caisse d'épargne, parce que c'est à elles que son appui est le plus nécessaire.

Ces observations sont justes. Toutefois il ne faudrait pas pousser la logique jusqu'à ses dernières

limites, et comme le fait fort bien observer l'honorable président, cette augmentation dans le nombre
des déposants d'une Caisse d'épargne ne saurait
compenser la diminution de l'avoir de cette Caisse.
Ce double mouvement en sens inverse entraînerait
de graves inconvénients. L'un des principaux serait
de voir décroître les ressources qui alimentent
l'œuvre et la font fonctionner. Sans doute une
Caisse d'épargne est étrangère à toute idée de
spéculation ou de bénéfice ; mais elle reste fatalement soumise aux conditions normales de tout
établissement financier, et pour que sa marche ne
soit pas entravée il est nécessaire que ses ressources restent à un certain niveau. Il y a là des
centaines de comptes-courants à tenir constamment
à jour ; et comme les dépenses auxquelles donne
lieu la majeure partie de ces comptes peu importants sont loin d'être couvertes par le produit de la
retenue, la Caisse d'épargne réduite à ces conditions ne peut sortir d'embarras qu'en trouvant dans
les comptes d'une somme plus élevée une compensation nécessaire.

M. Delessert l'a parfaitement compris et il a re-
cherché avec sollicitude les causes de la diminution du solde de la Caisse de Paris, et les moyens
d'empêcher que cette diminution ne soit portée à
l'excès. Selon lui, elle doit être principalement at-
tribuée à la limite du *maximum* légal de 1,000 fr.
par livret:

« Ce *maximum* si restreint, dit-il, eu égard à

la valeur actuelle de toutes choses, nous enlève trop tôt des déposants qui, sans cela, resteraient à la Caisse d'épargne, et qui regrettent d'être privés prématurément des avantages qu'elle leur offre. Le remède nous a paru des lors naturellement indiqué : il consisterait à élever le maximum et à le porter à 2,000 fr.

« Nous avons appelé sur ce point l'attention du Gouvernement, et nous l'avons sollicité de faire en sorte qu'une modification dans ce sens soit apportée à la législation qui nous régit. Nous lui avons signalé en même temps une autre disposition légale dont l'abrogation nous paraît désirable, parce qu'elle n'a plus aujourd'hui sa raison d'être. c'est celle qui limite à 300 fr. le maximum de chaque versement.

« S. Exc. M. le Ministre de l'Agriculture, du Commerce et des Travaux publics a accueilli avec bienveillance l'exposé de notre demande, et nous avons lieu d'espérer qu'elle sera examinée avec l'intérêt particulier que le gouvernement apporte à tout ce qui a trait au bien-être et à la moralisation des classes laborieuses. »

Ce serait là, on le voit, une réforme analogue à celle qui a été opérée l'année dernière pour la Caisse des retraites en faveur de la vieillesse. Cette amélioration est facile à introduire ; elle dépend uniquement du gouvernement et du Corps législatif, et les votes précédents sont pour nous une sûre garantie que ce vœu ne sera pas repoussé.

## II

Nous avons indiqué dans les pages qui précèdent la situation de la Caisse d'épargne de Paris et les vœux émis par M. Delessert; nous allons examiner maintenant la situation et les vœux des principales Caisses des départements et de l'étranger.

Sur les 479 Caisses d'épargne, qui existent actuellement en France, 440 au moins sont en voie d'accroissement; 8 seulement signalent une diminution dans le nombre de leurs opérations; 31 sont restées stationnaires. Toutes les autres sont en progrès. Pour 27 ce progrès est peu sensible, et pour 38 autres il consiste seulement dans l'augmentation du nombre des déposants. Parmi ces dernières figurent, en proportion relativement très-forte, les plus anciennes et les plus importantes Caisses d'épargne de l'Empire, telles que celles de Lyon, de Marseille, de Rouen, de Nantes, de Nancy, du Hâvre, etc....

D'après cela on ne doit pas s'étonner de voir que les vœux formulés au sujet de l'élévation du *maximum* de 1,000 fr. et de la suppression pour les versements hebdomadaires d'un autre maximum de 300 fr. se multiplient, s'étendent et se généralisent de plus en plus. Beaucoup de Caisses demandent aussi l'élévation du taux de l'intérêt ; on voudrait qu'il ne descendît pas au-dessous de 4 0/0. Ces aspirations ont été formulées d'une manière toute spéciale par M. le Maire de Saint-Quentin dans les termes suivants :

« Nous désirerions, dit-il, 1° qu'il soit alloué 4 1/4 0/0 aux Caisses d'épargne et qu'elles donnent uniformément 4 0/0 à leurs déposants ;

« 2° Que le maximum des livrets soit porté de 1,000 à 3,000 francs comme par le passé, ou bien, ce qui serait préférable, qu'il n'y ait point de limite fixée ;

« 3° Que l'on n'oblige pas le déposant à faire plusieurs voyages, lorsqu'il veut verser une somme supérieure à 300 francs jusqu'au maximum légal.

« La clientèle des Caisses d'épargne est aujourd'hui formée. Le capitaliste, que l'on a souvent éloigné en restreignant et en fractionnant les dépôts, trouve dans la rente, dans les obligations de chemins de fer et du Crédit foncier et dans les autres valeurs publiques, des placements lucratifs qui l'éloignent des Caisses d'épargne plus sûrement que les mesures restrictives que l'on a cru devoir prendre dans d'autres circonstances et qu'il serait bon de ne pas maintenir, puisqu'elles n'offrent plus aucun avantage réel et sont une très-grande gêne pour les déposants des campagnes. »

III

Nous prenons au hasard dans le tableau que nous avons sous les yeux quelques-uns des vœux émis par d'autres administrateurs de Caisse d'épargne ; le lecteur verra que les mêmes idées, les mêmes aspirations s'y reproduisent en termes à peu près identiques.

CHARLEVILLE (Ardennes). — La Caisse d'épargne de Charleville exprime le regret de voir le maximum des versements fixé à 300 francs, parce que cette mesure, dont l'utilité ne lui apparaît pas, oblige à plusieurs déplacements l'ouvrier qui a occasion de déposer une somme supérieure à ce chiffre dans la Caisse d'épargne.

CHATEAUDUN (Eure-et-Loir). — Le progrès signalé pour 1863 a continué dans la même proportion en 1864; mais il est à craindre qu'il ne se soutienne pas en 1865, à cause du prix peu élevé des céréales. Il serait à désirer que l'on pût verser en une seule fois le maximun du livret et que ce maximum fut élevé à 1,500 ou même à 2,000 francs. Les déposants se plaignent fréquemment de

la perte de temps que leur occasionne le fractionne-
ment des versements, qui les oblige à se déplacer
quatre fois pour verser une somme de 1,000
francs.

CHATEAU-THIERRY (Aisne). — L'importance de la
Caisse n'a pas cessé de s'accroître depuis qu'elle
existe. De 1855 à 1865 elle a presque triplé. — Les
déposants des campagnes surtout désireraient pouvoir verser en une seule fois les 1,000 francs pour
le placement desquels ils sont obligés de faire
quatre voyages.

COSNE (Nièvre). — Notre institution se répand de
plus en plus parmi les habitants de la campagne,
et ceux de la ville en apprécient mieux chaque
jour les avantages. Les propriétaires et les fermiers
stimulent leurs domestiques et leurs ouvriers en les
engageant à déposer une partie de leurs gages ou
de leurs économies, afin de pouvoir s'assurer un
avenir meilleur. Généralement les déposants ex-
priment le vœu que le montant des livrets soit
élevé, et que la faculté de déposer plus de 300 fr.
à la fois soit accordée, afin d'éviter des déplacements aux personnes éloignées quelquefois de 20 à
25 kilomètres.

DIEPPE (Seine-Inférieure). — Il serait désirable 1°
de voir porter l'intérêt à 4 1/2 0/0; 2° de per-
mettre aux déposants de verser en une seule fois
le montant du maximum, quel qu'il soit.

Cette mesure aurait pour effet de faciliter surtout les achats de rentes par l'intermédiaire des

Caisses d'épargne et donnerait plus d'importance à ces établissements. L'augmentation du maximum actuel produirait les mêmes résultats.

LIBOURNE (Gironde). — Bien que les opérations aient été plus nombreuses en 1864 que les années précédentes, les versements n'ont été supérieurs aux remboursements que de 20,000 francs seulement. Cet état de choses tient d'abord à la stagnation des affaires, qui a paralysé longtemps la vente des récoltes; mais la cause la plus vraie et la plus sérieuse se trouve dans la modicité de l'intérêt servi par les Caisses d'épargne, et aussi dans les difficultés qui sont forcément faites, comme de ne pouvoir recevoir en un versement un dépôt complet de 1,000 francs et de ne pouvoir laisser dépasser ce maximum de crédit. Un grand nombre de déposants se plaignent de ces entraves et retirent leurs fonds pour leur donner un placement plus avantageux, etc.

LIMOUX (Aude). — La Caisse continue d'être en progrès, mais son extension dépend d'une mesure qui a été sollicitée et dont le besoin se manifeste journellement et d'une manière générale ; cette mesure consiste dans l'élévation du maximum des dépôts ; il serait à désirer que ce maximum, aujourd'hui fixé à 1,000 francs et primitivement à 3,000, fût porté au moins à 2.000 francs.

MARSEILLE ( Bouches-du-Rhône ). — Au risque de nous répéter chaque année, nous dirons, avec plus de raison que jamais, que l'obligation de ne recevoir que 300 fr. par semaine est un obstacle à l'expansion de l'institution. — Dans une ville comme Marseille, où le temps manque toujours aux affaires, on se résigne difficilement à faire quatre courses pour venir déposer 1,000 fr. à la Caisse d'épargne, alors surtout qu'on rencontre sur son chemin de nouveaux établissements financiers, qui reçoivent d'emblée n'importe quelle somme et en servent un intérêt plus fort que la Caisse d'épargne.

COGNAC (Charente). — La Caisse d'épargne de Cognac est en voie de progrès. Elle le serait davantage si l'intérêt était porté à un taux qui permît d'allouer aux déposants 4 0/0 et si le chiffre maximum des dépôts était de 2,000 fr. au total pour chaque déposant.

METZ (Moselle). — La Caisse d'épargne de Metz est toujours en voie de progrès sous le rapport du nombre des déposants, mais depuis trois ans le solde a diminué. Les gros intérêts que donnent les placements mobiliers de toute espèce font retirer des sommes importantes de la Caisse.

L'obligation de ne verser que 300 francs par semaine est aussi cause que beaucoup de déposants de la campagne, ne voulant pas revenir, préfèrent prendre des billets nominatifs du mont-de-piété, qui reçoit tout d'un coup la somme totale.

A AMIENS on constate un progrès marqué; c'est surtout aux succursales qu'est dû ce résultat ; elles ont fourni près des 3/4 de l'augmentation constatée. A Douai il y a eu, en 1864, diminution de

12,000 fr. sur l'importance des versements ; l'agriculture est en souffrance ainsi que quelques branches
de notre industrie, les sucres et les alcools. Telles
sont les causes auxquelles l'administration de la
Caisse de Douai attribue ces mauvais résultats.
Elle ajoute qu'il est heureux pour nos contrées que
les loteries et les placements aventureux à primes
et avantages exagérés ne nuisent pas davantage
à nos Caisses d'épargne ; il ne saurait y avoir rien
de plus fâcheux pour ces institutions.

L'espace qui nous reste nous force à être brefs
sur les principales caisses d'épargnes des pays
étrangers. Nous nous contenterons de reproduire
les résumés de la statistique pour Bruxelles, Vienne
et l'Angleterre.

1° BRUXELLES. — Au 31 décembre 1863 il y avait
25,050 dépôts individuels et 1363 dépôts d'administrations, et le solde qui leur était dû était de
15,053,200 fr. pour les premiers et 2,581,800 fr.
pour les secondes, soit ensemble 17,635,000 fr.

Au 31 décembre 1864, le solde n'était plus
que de 17,029,000 francs, savoir : 14,605,200 fr.
pour 24,160 livrets de particuliers, et 2,423,800 fr.
pour 1,291 livrets d'administration. L'année 1864
a donc présenté une diminution de 890 livrets particuliers et de 72 livrets d'administration, soit ensemble 962 livrets. Le solde dû aux particuliers
diminuait de 448,000 fr., et celui dû aux admis-
trations de 158,000 fr., soit au total une diminution de 606,000 fr. La moyenne des livrets a peu

changé, elle est de 605 fr. pour les livrets de particuliers, et de 1,878 pour les livrets d'administration.

2° VIENNE. — La première caisse d'épargne autrichienne à Vienne au commencement de l'année 1864 comptait 157,288 déposants pour un solde de 34,614,000 florins, soit 69,228,000 francs; au 31 décembre 1864, le nombre des déposants n'était plus que 150,725 et le solde qui leur appartenait s'élevait à 33,557,000 florins, soit 67,114,000 francs. Ces chiffres donnent pour l'année 1864 une diminution de 6,563 déposants et de florins 1,057,000, soit 2,114,000 francs. Le rapport que nous avons eu sous les yeux attribue cette diminution aux besoins de la population qui se multiplient chaque année et au développement des institutions de crédit qui offrent un placement plus avantageux des capitaux.

ANGLETERRE. — On verra par le résultat des chiffres qui vont suivre sur les caisses d'épargne d'Angleterre, pendant l'année se terminant au 20 novembre 1864, terme de l'exercice annuel des caisses d'épargne dans ce pays, que, pour la première fois, depuis bien des années, le nombre des déposants et la somme totale ont diminué au lieu d'augmenter. Le nombre des déposants qui était au 20 novembre 1863 de 1,555,636 ne se trouvait plus au 20 novembre 1864 que de 1,492,771 et la somme totale des dépôts était descendue à 41,262,185 livres sterling, soit un milliard trente-un millions cinq cent cinquante-quatre mille francs.

Ces chiffres sont encore relativement bien considérables eu égard à ceux des caisses d'épargne dans les autres pays ; mais ils accusent, comme beaucoup d'autres que nous pourrions citer, une situation nouvelle pour l'institution des caisses d'épargne. Elles ont évidemment à lutter contre la *démocratisation* récente du crédit, contre les emprunts échelonnés à long terme, et rapportant non seulement de gros intérêts, mais aussi des chances de lots, qui fascinent toujours plus ou moins les masses. Nous craignons bien que l'année 1865 qui a vu se multiplier ces emprunts ne donne des résultats encore moins favorables. Il y a là de quoi attirer l'attention des hommes d'Etat ; nous espérons que le gouvernement avisera pendant la prochaine législature et qu'il s'occupera des moyens de sauvegarder les intérêts de l'une des plus belles institutions contemporaines.

**Ch. GUERMONPREZ,**
Rédacteur-Gérant de l'*Indépendant.*

St-Omer, imp. Guermonprez, éditeur de l'*Indépendant.*

www.ingramcontent.com/pod-product-compliance
Lightning Source LLC
LaVergne TN
LVHW012010180726
843502LV00005B/1638